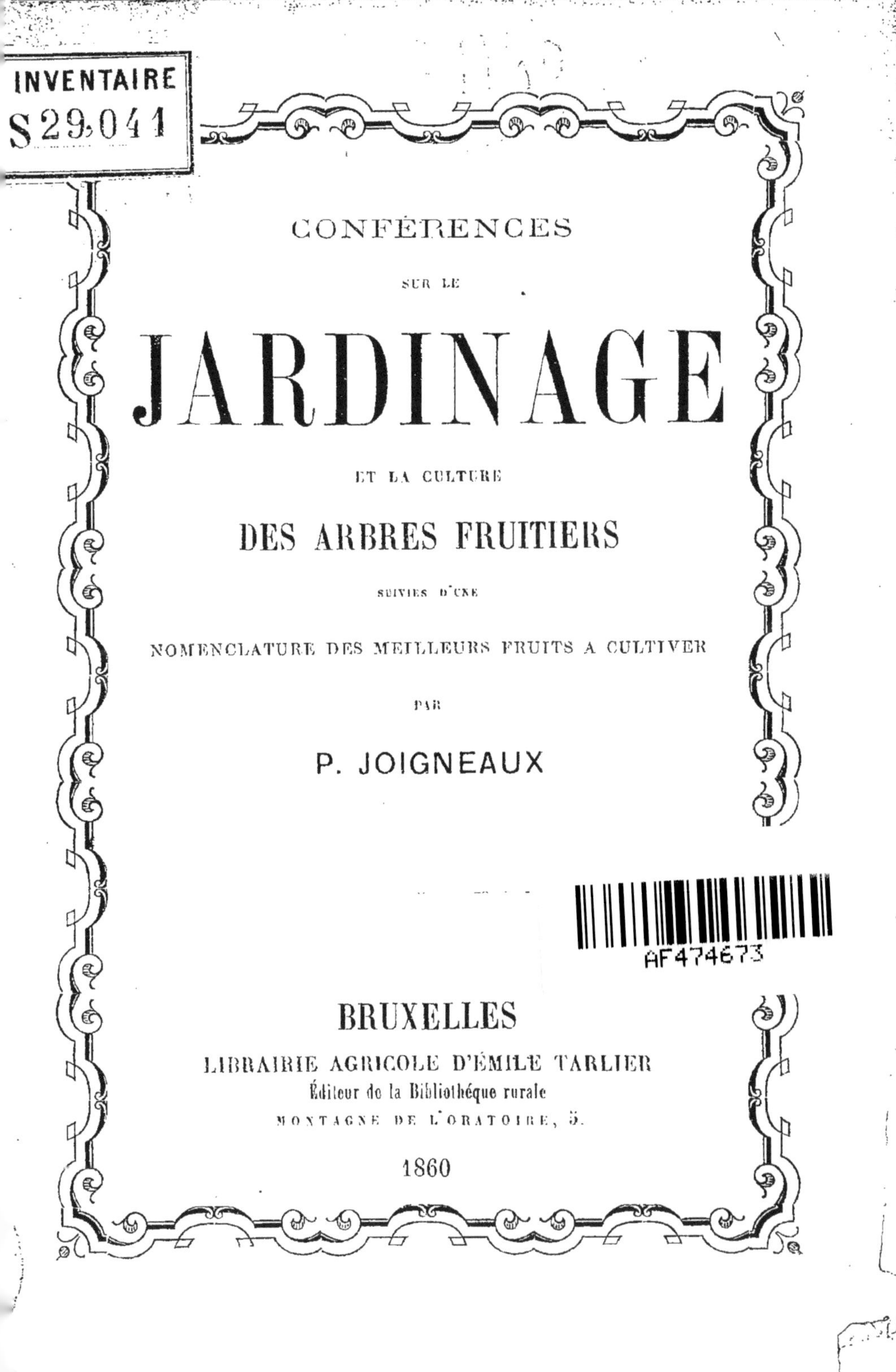

CONFÉRENCES

SUR LE

JARDINAGE

ET LA CULTURE

DES ARBRES FRUITIERS

SUIVIES D'UNE

NOMENCLATURE DES MEILLEURS FRUITS A CULTIVER

PAR

P. JOIGNEAUX

BRUXELLES
LIBRAIRIE AGRICOLE D'ÉMILE TARLIER
Éditeur de la Bibliothèque rurale
MONTAGNE DE L'ORATOIRE, 5.

1860

CONFÉRENCES

SUR

LE JARDINAGE

ET

LES ARBRES FRUITIERS.

CONFÉRENCES

SUR LE

JARDINAGE

ET LA CULTURE

DES ARBRES FRUITIERS

SUIVIES D'UNE

NOMENCLATURE DES MEILLEURS FRUITS A CULTIVER

PAR

P. JOIGNEAUX
Cultivateur.

BRUXELLES
LIBRAIRIE AGRICOLE D'ÉMILE TARLIER
Éditeur de la Bibliothèque rurale
MONTAGNE DE L'ORATOIRE, 5.

1860

BRUXELLES. — TYP. DE VEUVE J. VAN BUGGENHOUDT
Rue de Schaerbeek, 12.

CONFÉRENCES SUR LE JARDINAGE

ET LA CULTURE DES

ARBRES FRUITIERS.

Considérations générales.

Il serait à désirer que les enfants de nos villages eussent des notions exactes sur la science et l'art de cultiver la terre. En exerçant leur intelligence sur ces intéressants sujets, on les leur ferait aimer, on grandirait à leurs yeux une industrie que la routine et l'ignorance ont descendue au niveau d'un métier pénible et grossier; on les y attacherait peu à peu, sans efforts ni fatigue, et, dans l'avenir, nous n'aurions plus tant à gémir sur la désertion de l'ouvrier des champs vers les villes. C'est un point admis par tous les hommes sensés.

Reste à savoir, maintenant, si les instituteurs sont aptes à donner de suite cet enseignement élémentaire. Non, pour la plupart; mais il nous semble que chacun d'eux pourrait le devenir dans un bref délai.

Admettons que cette première difficulté soit levée, nous aurons à nous demander ensuite si l'instituteur jouit de l'autorité nécessaire pour traiter avec fruit les questions essentielles de la grande culture. Nous ne le pensons pas. Les cultivateurs de profession font peu de cas des mots et des avis; ils ne s'inclinent réellement que devant les faits. Or, par cela même que l'instituteur n'a ni bœufs, ni chevaux, ni ferme sous la main, il n'a point, assure-t-on, qualité pour en deviser. Il donnerait les meilleurs, les plus sages conseils, qu'on le persifflerait dans les familles et que les enfants apporteraient sur les bancs de l'école les fâcheuses préventions des pères.

Que l'instituteur se livre aux modestes travaux du jardinage, c'est différent; le cultivateur n'y trouve rien à reprendre, car il dédaigne assez généralement le potager et le relègue dans les attributions de la ménagère. Il l'estime indigne de ses soins et admet fort bien que l'instituteur se charge de cette besogne infime, et qu'il puisse réussir où réussissent souvent, après tout, de pauvres femmes de journaliers.

Ainsi donc, on nous refuse l'entrée par la grande porte, mais on nous autorise à passer par la petite. Acceptons le droit que nous concède le préjugé et gardons nous bien de récriminer.

Nous ne dirons rien des labours à la charrue, mais nous nous expliquerons sur les labours à la bêche.

Nous ne dirons rien des fumiers de la ferme, mais nous parlerons beaucoup des engrais du jardin.

Nous ne dirons rien des domaines à perte de vue, mais nous nous entretiendrons assez longuement de nos petits coins de terre.

Nous ne nous permettrons aucun avis sur la culture des choux fourragers, des carottes fourragères, des fèves à cheval, des pois de champs, par exemple; mais, en retour, nous donnerons toutes sortes de conseils sur la culture des choux d'Allemagne, de Savoie, d'York, ainsi que sur celle des carottes de Hollande, d'Altringham ou de Brunswick, des fèves de marais des pois Bivort, des pois Michaux, des pois d'Auvergne.

Nous nous consolerons aisément de l'infériorité apparente de notre rôle, en songeant que les théories de la petite culture sont applicables à la grande, et que la vérité au jardin ne cesse point d'être la vérité aux champs.

Il s'agit à présent de former des maîtres en matière

de culture potagère et de culture des arbres, de donner un guide sûr aux hommes de bonne volonté, de vulgariser les données principales de l'art et de la science horticoles. Nous écrivons ce petit livre à cette fin, et, en l'écrivant, nous avons l'espoir qu'il suffira de le lire une seule fois avec attention pour le comprendre, et qu'après l'avoir compris, l'enseignement du jardinage et de l'arboriculture ne sera plus qu'un jeu pour messieurs les inspecteurs vis-à-vis des instituteurs, et pour ceux-ci vis-à-vis de leurs élèves.

Première conférence.

DU SOL, DES OUTILS ET DE LA FORMATION DU POTAGER.

Et d'abord, entendons-nous sur la valeur des mots. L'horticulture comprend diverses branches qui sont : la culture potagère ou maraîchère, la culture des arbres fruitiers ou arboriculture fruitière, et la culture des fleurs ou floriculture. Nous n'avons à nous occuper ici que des deux premières branches. Quant à la troisième, elle a pour objet plutôt l'agrément qu'une utilité réelle. Nous ne la dédaignons point, assurément, mais nous l'abandonnons aux personnes qui ont des loisirs à lui consacrer.

Où que vous alliez, et si pauvres que soient les gens de nos villages, vous verrez près des habitations un jardin, et, dans ce jardin, des légumes et des fleurs. Vous conclurez de là que la culture potagère est à peu près possible partout, et vous n'aurez pas tort de conclure ainsi ; c'est aussi notre manière de voir. Du moment que les racines trouvent à se loger dans le sol, il ne faut désespérer de rien ; on a fait de beaux produits avec huit ou dix centimètres de terre, de même que l'on a engraissé de beaux bœufs dans de très-petites étables. Néanmoins, l'exception ne détruit pas la règle, et les terrains qui ont de la profondeur valent mieux, après tout, que ceux qui n'en ont pas. Quant à la qualité de ces terrains, il n'y a pas lieu de trop s'inquiéter. Sans doute, ils ne se valent pas indistinctement; nous en connaissons d'excellents et de très-médiocres, mais d'absolument mauvais, nous n'en découvrons guère. Que vous ayez affaire à du sable, à du schiste, à de la tourbe, à de l'argile ou à du calcaire, peu importe, vous viendrez à bout de les améliorer, de les transformer, d'en tirer, en un mot, bon parti. Question de temps, pas davantage. S'il y a plus de sacrifices et plus de peine à s'imposer pour créer un potager avec un sol médiocre qu'avec un sol riche, il y a plus de mérite et de contentement aussi à réussir dans le premier cas que dans le second.

Avec des engrais frais, vous ne serez point en peine des terrains secs et légers; avec le drainage, vous ne serez point en peine non plus des terrains humides. Rien qu'au moyen d'allées profondément défoncées et remplies de cailloux, vous ferez des merveilles dans les sols trop argileux ou trop mouillés.

Vous le voyez, nous ne sommes pas exigeant. Nous nous contenterons, pour ainsi dire, de ce que nous avons sous la main. A quoi bon demander, comme certains auteurs, des choses inutiles, difficiles, souvent même impossibles? A quoi bon rebuter ou décourager les gens, en leur disant, par exemple : — pour qu'une terre soit bonne, il faut qu'il y entre tant de ceci, tant de cela, un peu plus de cet ingrédient, un peu moins de celui-ci, comme si nous avions le temps d'arranger ainsi des compositions de fantaisie pour de grandes étendues, comme si nous pouvions raisonnablement faire pour nos légumes ce que les fleuristes font pour leurs bruyères et leurs camélias.

Nous prenons donc la terre telle que le bon Dieu nous la donne et réduisons de notre mieux les frais de mise en état de culture.

Pour ce qui regarde les outils, nous cherchons également l'économie. Une bêche pour les gros labourages, une houe pour ouvrir des fosses ou lever de la terre gazonnée, une râtissoire à pousser pour sarcler entre les lignes, une serfouette pour les binages, un râteau à dents de fer pour nettoyer les terrains pierreux, un râteau à dents de bois pour niveler les planches et enterrer les graines, une fourche de fer pour l'arrachage des racines et l'épandage des engrais, une brouette à coffre pour les transports, un plantoir pour les repiquages, un cordeau avec ses deux piquets pour la symétrie des plantations, un arrosoir pour donner l'eau nécessaire et une batte pour tasser les terres légères, nous suffisent largement. Nous pourrions demander davantage; nous nous contenterons de l'indispensable.

Il ne s'agit plus à présent que de former notre potager, puisque nous avons le sol et les outils. Nous lui donnerons, si faire se peut, la forme carrée, et nous le diviserons en quatre compartiments au moyen de deux allées en croix. Si nous pouvons le clore avec des murs de briques ou de pierre, nous n'y manquerons pas, afin d'abriter nos légumes contre les mauvais vents et d'avoir des espaliers; mais, à défaut de murs, une haie d'aubépine nous servira de clôture. Nous la planterons à l'automne, nous la laisserons pousser librement la première année, et la taillerons court les années suivantes, pour qu'elle se garnisse bien du pied et ne jette pas trop d'ombre sur nos cultures.

Tout près de la haie, sur les quatre faces, nous établirons une troisième allée d'encadrement ou de ceinture, sans regarder au terrain perdu. Il n'y a point de profit à cultiver trop près d'une haie, parce que les insectes de toutes sortes s'y réfugient d'ordinaire et commettent beaucoup de dégâts. Avec un mur, c'est différent; il convient d'en éloigner de deux mètres l'allée de ceinture, et de consacrer ces deux mètres à la culture des arbres palissés et des légumes de primeur. Si, cependant, notre jardin était de petite dimension, nous nous contenterions d'un mètre de largeur. A l'impossible nul n'est tenu.

Sur les bords des allées de notre potager, nous établirons ce qu'on appelle des plates-bandes, autrement dit des bandes de terre un peu plus élevées que le niveau des allées en question, et larges de soixante à quatre-vingts centimètres environ. Nous nommons *bordure* la partie de la plate-bande la plus voisine de l'allée et *contre-bordure* la partie la plus éloignée. Sur la bordure, nous planterons, par exemple, de l'oseille ou des fraisiers; sur la contre-bordure, nous sèmerons du persil, du cerfeuil, nous planterons de l'ail, de la ciboulette ou civette, des échalotes, du thym, etc. Au milieu de la plate-bande, nous placerons, si bon nous semble, des arbres nains, des groseilliers, des fleurs.

Les plates-bandes sont, en définitive, les cadres des compartiments, carrés ou *carreaux* du potager, destinés à recevoir les gros légumes. Pour les facilités de la culture, nous divisons, d'ordinaire, les carrés en planches, dont la largeur ne doit pas excéder un mètre trente centimètres, et que nous séparons les unes des autres par des sentiers de trente centimètres. Des planches trop étroites nous forceraient de multiplier le nombre des sentiers et de perdre inutilement du terrain; des planches trop larges nous gêneraient beaucoup pour sarcler et éclaircir les semis à la volée, car on se fatigue vite à étendre le bras de toute sa longueur.

Les personnes qui auront à créer un potager dans un terrain neuf, devront défoncer à cinquante ou soixante centimètres au moins en sol léger, et à trente ou quarante centimètres seulement en sol compact, de peur de ramener trop de terre infertile à la surface; mais d'année en année, à chaque labourage d'automne, on aura soin d'approfondir la couche cultivable, pour arriver à la longue à un défoncement complet. Le défoncement aura lieu vers la fin de l'été, et, à l'approche de l'hiver, on aura le soin de couvrir le labour d'une couche épaisse d'engrais qui améliorera promptement le sol et permettra d'obtenir de beaux produits dès l'année suivante.

A mesure que l'on défoncera, on aura la précaution de sortir du sol les grosses pierres qui gênent le labourage. Quant à la fine pierraille, elle n'a pas tous les inconvénients qu'on lui prête; elle jouit, dans certains cas, de la propriété de favoriser l'aération du sol et d'empêcher la trop grande évaporation d'eau en temps de sécheresse.

Deuxième conférence.

DU LABOURAGE.

Labourer la terre, c'est la travailler, la remuer avec un outil, tantôt dans un but, tantôt dans un autre. Le défoncement, le bêchage d'automne, le bêchage du printemps ou de l'été, le sarclage à la râtissoire, les binages sont autant de labourages qui ont chacun son utilité particulière.

Nos défonçons les terres neuves, afin de donner à la couche cultivable le plus de profondeur possible. Cette couche remuée reçoit l'air facilement, s'améliore plus vite par cela même, prend plus d'eau en temps de pluie, perd moins de sa fraîcheur en temps de sécheresse et permet aux racines des plantes de s'étendre librement.

Nous bêchons à l'automne, afin d'ouvrir la terre aux agents de l'atmosphère, de favoriser leur action fertilisante et aussi afin de ramener en haut un peu de la terre du dessous, qui, pour produire, a besoin de sentir l'air pendant plusieurs mois. Ajoutons à cela que les labourages d'automne rendent les labourages de printemps plus faciles.

Nous bêchons au printemps pour perfectionner la terre remuée à l'automne, pour la diviser, l'ameublir comme l'on dit vulgairement. Mieux la division est opérée, mieux l'air court à travers et la modifie en bien. Voici une motte, par exemple ; l'air n'agit convenablement sur elle qu'à la circonférence; mais du moment que nous la rompons, que nous la mettons en miettes ou particules, l'air agit sur toutes ces particules avec une égale énergie et les améliore bien autrement vite que lorsqu'elles se trouvaient réunies en motte. Les ouvriers du sol ne se rendent malheureusement pas compte de leur travail ; ils ne raisonnent point; ils opèrent machinalement. Aussi, qu'arrive-t-il? La plupart font de mauvais labours, prennent des tranches trop épaisses et ne se donnent pas la peine de les diviser avec le taillant ou le plat de la bêche. Celui qui retourne la plus grande étendue de terrain passe pour le meilleur laboureur, lorsque, en bonne justice, on devrait souvent le tenir pour le plus inhabile.

Nous connaissons des personnes qui croient bien faire en se servant d'une fourche de fer au lieu d'une bêche dans les terres légères : grosse erreur; la fourche remue la terre et ne la retourne pas. Sans doute, elle divise et facilite l'action de l'atmosphère; mais elle n'est point à comparer sous ce rapport à la bêche qui est le premier des outils de labourage.

Nous sarclons, autrement dit nous supprimons, en temps opportun, les mauvaises plantes qui gênent les bonnes, les étouffent et les affament. Or, le sarclage équivaut à un labourage superficiel. En enlevant les mauvaises herbes, soit avec la main, soit avec une fourchette de fer recourbée, soit avec la ratissoire, on rompt nécessairement la couche supérieure du sol.

Nous binons enfin, non-seulement pour donner de l'air aux racines des plantes en brisant la couche durcie du terrain, mais encore pour empêcher l'évaporation de l'humidité qui monte des couches inférieures vers la surface. Voici en deux mots l'explication de la chose : — tant que la terre est tassée et que ses particules se pressent bien, l'eau souterraine monte par l'effet de la capillarité, comme monte l'huile de la lampe dans une mèche de coton. Cela est si vrai que s'il nous arrive de marcher dans la terre labourée, l'empreinte de nos pieds se conserve humide durant plusieurs semaines, tandis que, dans le voisinage, la terre devient grise sous l'influence du vent ou du soleil qui chasse l'eau de ce terrain nouvellement remué. Tant que nous avons des graines à faire germer, l'ascension de l'humidité est utile; mais après la levée, il convient de l'arrêter à une certaine profondeur, de l'empêcher de monter à la surface et d'épuiser le réservoir souterrain d'où elle sort. C'est alors que nous prenons le sarcloir ou la ratissoire et que nous remuons le dessus de nos planches. Voilà toute la théorie du binage. Nous rompons les passages de l'eau qui s'arrête forcément aux racines et les alimente; et, en même temps, nous supprimons les mauvaises herbes et les empêchons de boire à la source commune.

Plus l'humidité est nécessaire, plus le binage devient opportun; c'est donc dans les moments de sécheresse que nous devons exécuter ce travail.

Troisième conférence.

DES ENGRAIS.

Il y a dans la terre des sels et dans l'air des gaz qui suffisent pour la nourriture des plantes sauvages, et d'autant mieux que ces plantes meurent, pourrissent sur place et rendent tous les ans au sol un peu plus qu'elles ne lui ont emprunté. Mais quand les plantes, au lieu d'être destinées à périr sur place, sont récoltées régulièrement et servent aux besoins de l'homme ou des animaux, nous volons, pour ainsi dire, à la terre ce qui lui revenait de droit. Or, à force de prendre, nous diminuerions chaque année et finirions même par épuiser les provisions du bon Dieu. Il faut donc restituer au sol, après chaque récolte, une partie de ce qu'il nous a généreusement prêté, c'est-à-dire l'engraisser ou fumer, ce qui revient au même.

Les engrais ou fumiers qui servent à cette restitution sont de plusieurs sortes; mais, avant d'en parler, faisons observer que, dans le nombre, il en est qui ne sont point à la disposition des instituteurs.

Il est rare, très-rare que l'instituteur mène de front l'enseignement et une grande culture. Il n'a donc ni chevaux ni moutons, par conséquent ni fumier d'écurie, ni fumier de bergerie.

Un certain nombre d'instituteurs mariés ont, pour le moins, une vache, un porc et des poules; donc, ils peuvent disposer du fumier de ces animaux.

Un plus grand nombre n'élèvent de bêtes d'aucune sorte et ne se soucient point de se mettre en frais pour acheter de l'engrais. Il s'agit donc de trouver les moyens d'en faire sans bourse délier. Le purin perdu, les urines, les matières fécales, les cendres, etc., rendent la chose possible.

Un mot d'abord sur les fumiers d'étable, réputés froids parce qu'ils renferment plus d'eau que ceux d'écurie et de bergerie. Avec du fumier de vache et de porc, mêlé et décomposé le plus possible, on ne saurait être en peine de produire de bons et beaux légumes. Ces fumiers n'ont pas tous la même qualité; c'est un point à établir. Leur valeur dépend de la nourriture qu'on donne aux bêtes, de l'état de santé de ces bêtes, de la nature de la litière et de l'entretien dont ils sont l'objet. Plus la nourriture est substantielle ou riche, plus le fumier vaut. Quant à la litière, les pailles de froment de seigle et d'avoine sont de beaucoup préférables aux genêts et à la bruyère, parce qu'elles sont moins coriaces et plus propres à éponger les déjections liquides. Dans le cas, cependant, où l'on en serait réduit à liter avec du genêt, on ferait bien de n'employer que les sommités de la plante, récoltées au moment de la floraison et fanées, jamais fraîches.

Quant aux soins d'entretien, ils consistent à bien piétiner les fumiers, à les mouiller de purin en temps de sécheresse pour favoriser la décomposition, et à les soustraire le mieux possible aux eaux des pluies. Voici pourquoi : — dans les fumiers en question, il y a de la potasse, de la soude et encore d'autres sels qui fondent aisément et vont se perdre on ne sait où plutôt que de nourrir les récoltes du cultivateur. Cela se voit partout; peu de gens y trouvent à redire, et, cependant, tout le monde se récrierait contre un commerçant qui s'aviserait d'étaler à sa porte, en temps de pluie, sa potasse, sa soude, son sel de cuisine, sa cassonade et ses pains de sucre; on demanderait tout de suite son interdiction pour cause de folie. Quoi qu'il en soit, nous voyons des cultivateurs qui se croient pleins d'esprit et de sens, qui riraient du commerçant en question et n'en commettent pas moins tous les jours la même folie.

Une question se présente : — doit-on placer les fumiers dans des fosses ou au niveau du sol? Malgré la pratique admise dans beaucoup de localités, nous pensons que les fosses offrent plus d'inconvénients que d'avantages. Le fond est-il perméable, les liquides de l'engrais s'en vont en pure perte on ne sait où; le fond est-il imperméable, ces liquides forment une mare sous le fumier, et quand vient le moment de s'en servir, on ne sait comment sortir, transporter et répandre cette boue; ce n'est pas tout : avec la fosse, nous sommes astreints à une double opération; en premier lieu, il s'agit de sortir le fumier et de le jeter sur les bords; en second lieu, nous devons le reprendre là pour le charger sur la voiture. Avec les fumiers élevés sur le sol, nous n'avons pas à compter avec ces inconvénients.

Il nous reste à savoir maintenant dans quel état il convient d'employer les fumiers de ferme.

S'il s'agissait de cultiver des plantes lentes à se développer, nous aurions peut-être intérêt à nous servir d'un engrais incomplétement décomposé, à moitié ou au tiers pourri, mais dans les opérations de jardinage, nous avons besoin d'un effet rapide, très-rapide ; nous avons besoin de faire des feuilles et des racines pour ainsi dire au pas de course, et, à cet effet, nous devons recourir à des engrais d'une assimilation facile et prompte. Or, à ce titre, le premier entre tous est l'engrais liquide que l'on a appelé avec raison de la *séve toute faite*. Pourvu que nous l'affaiblissions avec de l'eau ordinaire, que nous nous en servions en temps pluvieux, cet engrais fera merveille. Malheureusement, les cultivateurs, qui ne raisonnent pas toujours, ne songent à employer l'engrais liquide qu'en temps de sécheresse, de forte chaleur, alors qu'il est réduit, condensé, presque à l'état de sirop, en sorte qu'étant plus lourd que la séve renfermée dans les plantes arrosées, il ne peut y monter et ne sert, par conséquent, à rien, à moins qu'une pluie ne survienne à propos. Parfois même, cet engrais liquide est tellement chargé de substances corrosives, qu'il désorganise les tissus végétaux et les *brûle*, pour nous servir de l'expression vulgaire. Afin d'éviter tout cela, affaiblissons-le d'abord avec de l'eau ordinaire.

Tous les engrais liquides ne se valent pas indistinctement. S'il y en a d'excellents, il y en a de médiocres aussi. Ils sont d'autant meilleurs qu'ils contiennent plus de substances différentes. Aussi, l'urine du bétail ne vaut pas l'eau de fumier, parce que, sous le même volume, elle ne contient pas des vivres aussi variés.

Le fumier qui produit l'effet le plus rapide, après le purin, est celui qui a pourri le plus complétement à l'abri des pluies. Les fumiers pailleux ou frais ne conviennent réellement que pour la culture des pommes de terre. Dans ce cas exceptionnel, il s'agit de favoriser le développement de tubercules qui ne sont pas des racines, mais des rameaux souterrains gorgés de fécule.

Or le fumier pailleux facilite ce développement en tenant la terre soulevée.

Il né nous reste plus qu'à dire un mot des propriétés des divers fumiers. Les uns et les autres ont une odeur et une saveur propres qu'ils communiquent plus ou moins aux produits de la terre! Seulement, la force de l'habitude ne nous permet pas toujours de constater la chose. Quand nous forçons des laitues ou des radis sur une couche faite avec du fumier d'écurie, les légumes accusent leur origine d'une façon très-marquée. Le fumier de vache porte avec lui et transmet une odeur musquée. La vase des étangs communique sa saveur et son odeur aux fruits des arbres; les matières fécales donnent de l'amertume aux légumes. Les cendres rendent les haricots secs savonneux; les engrais puants dénaturent toujours un peu les qualités naturelles et délicates de nos plantes; le fumier de mouton ne permet pas, assure-t-on, à la farine de froment qui en provient, de fermenter comme à l'ordinaire; mais, en retour, il a une action puissante et heureuse sur nos légumes de la famille des crucifères, tels que choux, navets, radis, rutabagas, cresson alénois, etc., à cause des mèches de laine qu'il renferme et qui contiennent beaucoup de soufre et d'azote.

A défaut de fumier proprement dit, nous devons former des *composts* qui s'en rapprochent beaucoup et donnent d'excellents résultats. On entend par compost des mélanges de substances végétales, animales et minérales. Vous ne perdrez donc point les déchets de cuisine, les mauvaises herbes, les os d'animaux, les viandes gâtées, les matières fécales, les plumes de volaille, les chiffons de laine, le sang, les cendres de bois, de tourbe et de houille, la suie; vous les mélangerez avec des boues de rues, d'étangs, de fossés, avec des gazons, et les arroserez avec des eaux de savon, des urines, des rinçures de vaisselle, de futailles, des eaux de lessive. Au bout de trois ou quatre mois, par un temps sec, vous déferez le tas, le laisserez se ressuyer au soleil, romprez les mottes et vous en servirez.

Quatrième conférence.

DES LÉGUMES CULTIVÉS ET DU CHOIX A FAIRE PARMI LES VARIÉTÉS.

Le nombre des espèces légumières cultivées est beaucoup moins considérable qu'on pourrait le supposer ; il ne dépasse pas la soixantaine. Ce sont les variétés de ces espèces qui font la quantité.

Dans cette conférence, nous ne nous occuperons point, on le pense bien, de la culture détaillée des divers légumes. Les livres qui en traitent tout spécialement ne manquent pas, et nous y renvoyons notre public. Ce que nous voulons aujourd'hui, c'est l'énumération pure et simple des plantes potagères et l'indication des variétés qui nous semblent les plus recommandables. En ceci, nous suivrons l'ordre alphabétique, attendu que l'ordre botanique exigerait préalablement des études spéciales, et que l'ordre d'importance pourrait de temps en temps devenir un sujet de contestation.

Arroche. Cette plante, connue aussi sous les noms vulgaires de belle dame, bonne dame, éripe, etc., offre deux variétés, l'une à feuilles blondes, l'autre à feuilles rouges. La première est la plus recherchée pour la cuisine ; la seconde n'a que le mérite d'offrir un bel aspect. On sème les arroches à l'automne ou au printemps. Elles ne sont point difficiles sur la qualité du terrain.

Betterave. Les betteraves, dites à salade, sont assez nombreuses, mais il nous suffira de recommander la variété rouge foncé de White, la betterave de Castelnaudary, la betterave rouge plate de Bassano. Nous les semons ordinairement en mars et avril. Elles exigent un terrain riche, frais et convenablement plombé.

CARDON. Le cardon est un excellent légume, très-négligé, quoique réussissant partout. Les meilleures variétés sont : 1° le cardon de Tours, très-épineux ; 2° le cardon plein inerme, c'est-à-dire sans épines ; 3° le cardon puvis. On les sème en avril et mieux en mai. A l'approche des gelées, on les arrache, on les met l'un contre l'autre en cave, où leurs pétioles blanchissent peu à peu. On consomme ces pétioles en décembre, janvier et même février.

CAROTTE. Les carottes potagères, dont nous conseillons principalement la culture, sont la carotte rouge très-courte de Hollande, la plus hâtive et la meilleure entre toutes ; la carotte rouge demi-longue de Hollande, d'excellente qualité aussi, mais moins hâtive ; la carotte rouge longue d'Altringham, d'une cuisson facile et préférée aux autres variétés pour les sauces et les potages à la Crécy ; la carotte rouge de Nonceveux, très-vantée dans le pays de Liége, quoique de qualité ordinaire ; la carotte rouge de Brunswick, qui ressemble beaucoup à celle d'Altringham et à la longue de Vilmorin ; enfin, la carotte jaune longue d'Achicourt, qui a le double mérite d'être de qualité très-acceptable et de se conserver très-bien. On sème les carottes, soit à la fin d'octobre, pour qu'elles lèvent un peu plus tôt à la sortie de l'hiver, soit en février ou mars et même avril et mai, ces dernières étant les meilleures pour les conserves d'hiver ; soit enfin au mois d'août ou de septembre, quand on veut avoir des contrefaçons de carottes nouvelles dès les premiers jours du printemps ou bien des racines destinées à servir de porte-graines. La carotte demande un terrain riche, profond, frais, un peu ombragé et fumé de l'année précédente. Le fumier de vache très-pourri, les cendres de bois et les engrais liquides en temps de pluie lui conviennent tout particulièrement.

CÉLERI. Nous cultivons une variété de céleri pour ses

côtes, que nous appellons céleri plein blanc, parce que les pétioles et les côtes sont pleins, et une variété pour la racine, que nous appelons indifféremment céleri rave ou céleri navet. Pour les obtenir de bonne heure, nous les semons sur couche en mars, et les repiquons à la fin d'avril ou au commencement de mai. Le céleri demande une terre riche, fraîche, ombragée, du fumier de vache et de porc en abondance et des arrosages très-fréquents. Quand l'on veut obtenir de belles racines de céleri rave, il convient d'ouvrir un bassin autour de chaque pied, d'y mettre, de temps en temps, quelques poignées d'un mélange de fumier de vache bien pourri et de cendres de bois, et d'arroser de façon que le fond de ce bassin ne soit jamais complétement desséché, même dans les temps de forte chaleur. Il existe un céleri plein violet, moins sensible à la gelée que le plein blanc, mais aussi moins délicat. Le céleri turc ou de Prusse est également préférable au plein blanc.

Cerfeuil. Nous avons le cerfeuil commun et le cerfeuil frisé. Pour la qualité, nous n'établirons pas de différence entre l'un et l'autre; mais le commun est plus robuste que sa variété. Celle-ci, de son côté, a l'avantage de se distinguer parfaitement de la petite ciguë et de mettre ainsi nos ménagères à l'abri d'une méprise; à ce titre, il convient de conseiller fortement la culture du cerfeuil frisé. On sème cette plante condimentaire à toutes les époques de l'année; seulement, les semis destinés à donner de la graine doivent avoir lieu en septembre, afin que les pieds acquièrent de la force et puissent traverser l'hiver. Le cerfeuil n'est pas précisément difficile sur les terrains; néanmoins, il s'accommode principalement de ceux qui sont riches et bien ombragés. Les grandes chaleurs lui sont nuisibles et le font monter très-vite à fleur.

Chicorée. Nous comptons plusieurs espèces de chicorée, qui sont : la chicorée à café, la chicorée endive et la scarole. Parmi les endives, nous recommandons celles de Rouen, d'Italie et de Meaux. Les variétés ou sous-variétés plus finement découpées, comme l'endive de picpus et l'endive mousse, sont très-sujettes à la pourriture. Parmi les scaroles, nous préférons la blonde à la verte. On sème la chicorée à café ou à grosses racines en mars et en avril dans les champs, et en mai dans les jardins; plus tôt elle monterait. Quant aux endives et scaroles, il est d'usage, dans le Brabant, les Flandres, le Hainaut, les provinces de Liége et de Namur, de les semer vers le commencement de la seconde quinzaine de mai, tantôt pour les laisser en place, comme dans le Hainaut, tantôt pour les repiquer; mais dans les contrées froides de la Belgique, nous attendons la seconde quinzaine de juin; plus tôt, elles seraient très-sujettes à monter. Comme toutes les plantes qui exigent beaucoup d'eau, les endives et les scaroles exigent en même temps des fumiers d'étable très-décomposés et en grande quantité. Plus le jardin est riche en vieux terreau, mieux les chicorées y réussissent.

Chou. Nous avons diverses races de choux parfaitement caractérisées, mais qui laissent à désirer sous le rapport des classifications adoptées. Nous voudrions que l'on s'habituât à les classer : 1° en choux d'York ; 2° choux d'Allemagne ; 3° choux de Savoie ou de Milan ; 4° choux rouges ou de Frise ; 5° choux d'hiver non pommés ; 6° choux-fleurs et brocolis ; 7° choux raves d'Arabie ou de Siam ; 8° choux navets et rutabagas.

Les choux d'York comprendraient le cœur de bœuf, le cabbage, le pain de sucre, etc. Les choux d'Allemagne comprendraient le cabus de saint Denis, le hollande à pied court, le trapu de Brunswick, le chou de Vaugirard, le chou quintal ou gros d'Allemagne, le chou johannet ou nantais, etc. Les choux de Savoie ou de Milan comprendraient le chou de Milan des vertus, le plus beau de tous, le savoyard très-hâtif d'Ulm, les savoyards à tête longue et ronde, le savoyard doré, le savoyard très-frisé de Malines, le chou de Bruxelles ou à jets. Les choux rouges n'ont que deux variétés très-foncées : le gros rouge de Frise, appelé aussi chou de Brunswick ou chou polonais ; le petit chou d'Utrecht ou tête de nègre. Une troisième variété, qui est le chou rouge d'Alost, le Gand ou marbré, a les feuilles glauques et les nervures d'un rouge clair. Les choux frisés rougeâtres ne sont que des métis provenant de porte-graines de savoyards et de choux rouges trop rapprochés. Les choux d'hiver non pommés comprennent le chou vert d'hiver, proprement dit, le chou blond d'hiver, moins robustes que le précédent, et les choux frisés ou prolifiques ou pyramidaux. Les choux-fleurs comprennent plusieurs variétés, parmi lesquelles nous recommandons la variété tendre ou petit Salomon, la variété demi dure ou gros Salomon, le chou-fleur de Hollande à pomme serrée et tardive, et enfin le brocoli blanc, qui ne diffère des autres variétés que par la blancheur de la pomme et les ondulations des feuilles. Les choux raves d'Arabie ou de Siam ont une variété blanche et une variété violette qui se valent l'une et l'autre. Les choux navets, qui ont leurs racines en terre comme les navets ordinaires, sont : le chou navet de Laponie et le rutabaga, qui n'est qu'une variété du précédent. Pour la cuisine, le chou navet de Laponie est préférable au rutabaga, mais il est moins gros que celui-ci et plus fortement enraciné.

On sème vers le 20 août, pour repiquer en pépinière à la fin de septembre, les choux d'York, cabbage, cœur de bœuf, pain de sucre, choux d'Allemagne, choux rouges et choux de Savoie hâtifs. On les transplante à demeure après l'hiver. On peut aussi les semer au printemps et compter sur une bonne récolte d'arrière-saison. On sème en mai et juin le chou de Vaugirard, le chou de Bruxelles et les choux d'hiver non pommés. Les choux en général aiment les terres riches et les terres nouvellement défoncées. Les composts, les fumiers en général, mais ceux de moutons surtout, les chiffons de laine et les boues d'étangs ressuyées leur sont très-favorables.

On sème les choux-fleurs tendres sur couche, en février ou mars, pour les repiquer de bonne heure, et les choux-fleurs durs en avril et mai; les choux navets et les rutabagas en mai et juin. Ces dernières variétés s'accommodent des mêmes engrais que les précédentes.

Concombre. Nous avons le concombre jaune hâtif de Hollande, le jaune gros et le concombre vert à cornichons. Nous nous en tenons à ces variétés qui nous paraissent les plus recommandables. On les sème en mai, en terre fortement fumée, et l'on arrose beaucoup pendant le cours de la végétation. De temps en temps, une poignée de colombine ou de guano au pied de chaque plante est d'un excellent effet. Sous le climat de la Belgique, une exposition chaude est de rigueur.

Courge. Les courges sont très-peu cultivées en Belgique pour la cuisine. Les meilleures de toutes sont : les pâtissons ou artichauts de Jérusalem, la courge à la moelle, dont la chair est blanche, le giraumon-turban et la courge de l'Ohio, dont la chair est jaune. On sème, en mai, en terre fumée avec de l'engrais d'écurie. On arrose souvent et abondamment. La colombine et le guano sont d'un bon effet sur ce légume.

Crambé maritime ou chou marin. Ce légume, d'excellente qualité, plus précoce que l'asperge et d'une culture très-facile, est à peine connu. Il mérite donc d'être propagé. On sème sa graine en octobre pour qu'elle passe l'hiver en terre, ou bien en avril. Le crambé recherche les terrains secs; il serait exposé à pourrir dans les terrains frais. Le fumier de vache très-décomposé, les cendres de bois et le sel de cuisine lui sont très-avantageux.

Cresson alénois. On cultive cette plante, dont le véritable nom est passerage, pour l'adjoindre aux salades à titre de fourniture. On le sème en mars et avril. Il est facile quant au terrain.

Épinard. On en compte plusieurs variétés. Les épinards d'Angleterre, des Flandres, d'Esquermes et l'épinard de Gaudry, à feuilles de laitue, sont les principales. On sème ce légume en septembre et en mars, mais surtout en septembre et autant que possible en terre riche, fraîche et ombragée. Le fumier de vache très-pourri et les cendres de bois lui sont très-agréables.

Fève de marais. Nous conseillons la culture de la fève de marais commune, à graines allongées, de la fève de Windsor, à graines arrondies, et de la fève à graines vertes. On les sème en mars et avril, à bonne exposition, pour qu'elles ne s'élèvent pas trop en tiges, et on les fume avec de l'engrais d'étable et des cendres de bois.

Haricot. Ce légume nous offre quantité de variétés; nous ne signalerons ici que les plus avantageuses. Les meilleurs à notre avis, parmi les haricots qui ont besoin de rames, sont : le haricot sabre à grandes cosses, le haricot princesse mange-tout et le haricot d'Alger ou beurre. Le haricot d'Espagne à fleurs blanches, que l'on cultive sur certains points de la Belgique sous le nom de *Bayard*, n'est pas précisément délicat, mais il est gros, robuste, précoce, et peut rendre des services en grains verts ou même en grains secs, à la condition de le réduire en purée. Parmi les haricots nains, nous signalons le haricot de Soissons nain, ou bassette, ou gros pied, ou deux à la touffe; le haricot noir de Belgique, très-précoce et excellent en vert; le haricot suisse blanc; le haricot suisse ventre de biche et le haricot jaune du Canada, très-bon mange-tout. On plante les haricots en avril et mai, en terrain sec plutôt qu'humide. Ils recherchent le fumier de vache très-pourri et les cendres de bois.

Laitue. Nous avons les laitues pommées et les laitues romaines ou chicons. Parmi les pommées, nous ne voyons rien de mieux que la laitue à bord rouge, très-précoce, la blonde de Berlin, la laitue turque, la grosse brune paresseuse, la belle et bonne de Bruxelles, la laitue chou de Naples et la Palatine. Parmi les romaines ou chicons, nous recommandons la romaine grise maraîchère qui a le mérite de se coiffer seule, la romaine blonde de Brunoy et l'alphange à graines noires. On sème les laitues dont il vient d'être parlé, en mars, avril, mai et juin. Le compost, l'engrais liquide, la colombine de volaille, les eaux de savon et de lessive leur sont très-profitables.

MACHE. Cette plante, que nous cultivons sous les noms de doucette et de salade de blé, doit être semée en septembre et fumée avec du compost et des cendres.

NAVET. Les meilleurs navets pour la cuisine, sont : Le navet long des vertus, le navet marteau, le navet noir long, le navet de Saulieu, le navet des sablons et les navets blanc et rouge plats. On les sème en juin, juillet et même août. Plus tôt, ils s'emportent ou prennent de l'âcreté. Cependant, les navets blanc plat et rouge plat peuvent être semés exceptionnellement vers la fin d'avril et en mai. Dans les terres fortes, les navets deviennent souvent véreux; les terres légères leur conviennent mieux. Les composts, les cendres de bois et le fumier de ferme très-pourri sont d'un bon effet dans cette culture.

OIGNON. Parmi les oignons précoces, nous choisissons le blanc ordinaire et l'oignon de Danvers; parmi les oignons plus ou moins tardifs, nous accordons la préférence à l'oignon jaune paille, à l'oignon rouge pâle de Niort, à l'oignon soufre d'Espagne et à l'oignon rouge foncé de Brunswick. L'oignon pyriforme ou en forme de poire qui commence à se répandre, jouit de la propriété de se bien conserver. On peut semer l'oignon blanc en août et lui faire passer l'hiver en terre. Quant aux autres, nous les semons en mars et avril. Les oignons aiment une terre très-riche en vieux terreau. Ils redoutent le fumier frais. Les mélanges de cendres, de suie et de colombine leur sont très-profitables.

PANAIS. Nous avons le panais long de Jersey qui convient surtout à la grande culture et aux terrains profonds, et le panais rond ordinairement admis dans les potagers. On peut semer l'un et l'autre en octobre et en mars. Le panais demande un terrain riche, frais et ombragé. Le compost et le fumier de vache font très-bon effet dans cette culture.

PERSIL. Nous avons le persil commun et le persil frisé qui n'est qu'une variété du premier. On les sème en septembre et en mars et on les fume, soit avec du compost, soit avec du fumier de vache et des cendres de bois. Le persil se plaît surtout dans les terrains frais et ombragés, bien que, après tout, il réussisse en terrain sec et découvert.

POIREAU. Nous recommandons le poireau très-gros de Rouen pour les terrains profonds et le poireau court de Brabant pour les terrains qui ne le sont pas. On sème sa graine en mars et avril pour repiquer plus tard. On fume avec du compost. Le poireau aime les terrains frais et craint le fumier long.

POIRÉE A CARDES. Nous en connaissons de blanches, de vertes, de jaunes, de rouges, etc. La meilleure dans le nombre est la poirée à cardes blanches frisée. Nous la semons en mars et avril, pour la repiquer en terrain frais et bien fumé dans le courant de mai ou de juin.

POIS. Nous avons les bois à rames et les pois nains. Nous ne conseillons pas la culture de ces derniers, parce que leur rendement est trop minime. Nous nous en tiendrons donc aux pois ramés. Si nous en voulons de précoces, nous plantons le pois prince Albert, le pois Bivort et le pois Michaux de Hollande. Pour faire suite à ceux-ci, nous cultivons le pois d'Auvergne ou serpette, très-productif; enfin nous plantons en dernier lieu le pois ridé de Knight, soit vert, soit blanc. En outre, nous avons un pois mange-tout très-recommandable et qui est connu sous le nom de corne de bélier à fleurs blanches. La variété à fleurs violettes ne le vaut pas, à notre avis. Nous semons les pois en mars, avril, mai et juin, pour en avoir en toute saison, et nous les semons surtout en terrain maigre afin d'avoir plus de grosses. Dans les sols riches, les tiges et les feuilles dominent trop.

POURPIER. Le pourpier doré est plus agréable à l'œil

que le pourpier vert ; quant à la qualité, nous ne voyons pas de différence bien sensible. On le sème en mai et en terre riche de vieux fumier.

RADIS. Il y a des radis de printemps, d'été et d'hiver. Parmi ceux de printemps, nous mettons en première ligne le radis blanc rond, le radis rose rond et le radis demi-long rose. Le radis gris d'été ainsi que le radis jaune et blanc sont connus sous les noms de ramelasse et ramonasse. Le radis noir d'hiver est aussi une ramelasse plus tardive que les précédentes et de longue garde. Pour les radis de printemps, nous semons en mars et avril; pour les radis d'été, en mai et juin; pour les radis d'hiver, en juillet. Ils demandent un terrain riche, assez frais et un compost formé de fumier très-pourri, de cendres de bois et de colombine.

RAIPONCE. La campanule raiponce est une salade plus dure que la mâche et plus savoureuse. Les racines crues se mangent ainsi que les feuilles. On la sème en juin, en bonne terre et exposition ombragée.

SALSIFIS. Cette racine, que l'on sème en mars et avril, demande une terre bien défoncée et du compost pour engrais.

SCORSONÈRE. C'est ce qu'on appelle communément, mais à tort, salsifis noir. On la sème à la même époque que le salsifis et on fume de même. On assure que, dans les sols argileux et un peu froids, il convient de semer les scorsonères en août et septembre.

TÉTRAGONIE. La tétragonie étalée ou tétragone cornue des jardiniers est une plante à peine connue, dont les feuilles épaisses ont la forme de celles de l'épinard et servent aux mêmes usages culinaires. Elle a sur l'épinard l'avantage de se développer beaucoup en temps de sécheresse. On sème ses graines vers la fin d'avril, après les avoir mouillées durant sept ou huit jours, afin d'en faciliter la germination. Pour prospérer, cette plante demande une riche terre.

TOMATE. Cette plante condimentaire comprend un assez

grand nombre de variétés, parmi lesquelles nous recommandons la tomate grosse hâtive. Sur quelques points de la Belgique, elle prospère en terrain découvert, mais dans un grand nombre de localités, il convient de semer sa graine contre un mur, à exposition chaude, vers la fin d'avril, et de fumer faiblement.

Tout ce qui précède se rapporte aux plantes que l'on multiplie le plus habituellement de graines. Il nous reste donc à dire quelques mots des plantes potagères que l'on multiplie d'une autre façon. De ce nombre, sont : l'ail, l'artichaut, l'asperge, la ciboulette ou civette, l'échalote, l'oseille, la pomme de terre, le raifort et la rhubarbe.

Ail. Nous connaissons l'ail d'Espagne, ou Rocambole, ou ail rouge du midi, et l'ail ordinaire. Nous ne pouvons conseiller que la culture de cette dernière espèce, en terre consistante, mais peu mouillée; elle aime le fumier de cheval très-décomposé. On plante les gousses de la circonférence en mars et avril.

Artichaut. Ce légume compte plusieurs variétés, parmi lesquelles nous distinguons le gros vert de Laon et le gros camus de Bretagne. On œilletonne les artichauts en avril et mai et l'on transplante ces œilletons avec du fumier de ferme.

Asperge. Nous avons l'asperge verte ou commune, la grosse violette ou de Hollande, celle de Gand, de Marchiennes, d'Ulm, de Besançon, etc. On plante les griffes d'asperge en automne et au printemps, mais surtout au printemps, pendant les mois de mars et d'avril, en terre légère ou bien assainie, avec du fumier de cheval, de la corne, des os concassés et du sel de cuisine pour engrais.

Ciboulette ou civette. La ciboulette ou civette se renouvelle d'éclats ou de caïeux en mars et avril.

Echalote. L'échalote ordinaire se renouvelle de caïeux en mars et avril, en terre plutôt sèche que mouillée.

Oseille. L'oseille se multiplie d'éclats au printemps et

demande, pour bien réussir, un mélange de fumier de vache et de cendres de bois.

POMME DE TERRE. La pomme de terre est plutôt du domaine de la grande culture que de la petite; cependant il est d'usage d'introduire au potager les variétés hâtives et principalement la Marjolin ou Kidney hâtive. On la plante en mars, à bonne exposition et à une faible profondeur. Si les gelées étaient à craindre, après la levée, on recouvrirait de paille pendant la nuit et l'on découvrirait pendant le jour. Quand les tiges ont de trente à quarante centimètres, on peut les courber sous une petite butte de terre et l'on arrive ainsi à augmenter la précocité des tubercules. Le fumier long convient tout particulièrement à la pomme de terre.

RAIFORT. Cette plante se renouvelle d'éclats à l'automne et au printemps, et réussit sans engrais dans tous les terrains. On la connait sous le nom de moutarde des capucins ou des Allemands.

RHUBARBE. Les meilleures variétés comestibles sont : la rhubarbe groseille, la rhubarbe rouge hâtive et la rhubarbe prince Albert. On peut les obtenir de graines, mais on préfère les multiplier d'éclats, afin de gagner du temps. On éclate les rhubarbes dans le courant d'octobre, plutôt qu'au printemps, et on plante les éclats en bonne terre, bien défoncée.

Cinquième conférence.

SEMIS, TRANSPLANTATION OU REPIQUAGE, TRAVAUX D'ENTRETIEN, TELS QU'ARROSAGES, SARCLAGES, BINAGES, FUMURES SUPPLÉMENTAIRES, PINCEMENT ET DESTRUCTION DES INSECTES.

Notre terrain est labouré et fumé; nous connaissons nos espèces et variétés de choix; nous n'avons donc plus qu'à ensemencer. Ici, nous devons observer trois conditions essentielles au succès : 1° choisir des graines de qualité irréprochable; 2° ne les répandre que sur un vieux labour, c'est-à-dire sur une terre naturellement tassée, ou bien, si nous sommes pressés de semer aussitôt après le labourage, prendre soin de fouler la terre avec les pieds, avec la batte ou avec le rouleau; 3° enterrer le moins possible les fines semences, quelquefois même ne pas les enterrer du tout et se borner à les fixer sur le sol.

Arrêtons-nous à cette troisième condition et invoquons un exemple : nous avons, je suppose, à semer de la graine de pourpier ou de raiponce. Si nous la recouvrons avec le râteau de bois, elle lèvera mal ou ne lèvera point. A qui nous en prendrons-nous? au grainetier, quand, pour rendre hommage à la vérité, nous ne devrions nous en prendre qu'à nous-mêmes. Pour assurer la levée parfaite de cette fine graine, contentons-nous de la fixer au sol, en la frappant, soit avec le plat de la main, soit avec le fer de la bêche, soit en nous servant de la pression du rouleau, lorsque nous opérons sur de grandes surfaces. Puis, si nous tenons à la recouvrir un peu, prenons du terreau, mettons le dans un vieux panier et secouons ce panier sur le semis. Cette légère couverture d'humus entretiendra une fraîcheur favorable à la germination et la levée se fera complète. Si vous ne recouvriez pas, vous devriez nécessairement arroser fréquemment et à petites doses, sans quoi la germination n'aurait pas lieu. L'arrosage compte trois degrés. Arroser, c'est donner de l'eau copieusement; mouiller, c'est arroser à un degré moindre; bassiner, c'est arroser à un degré moindre encore, uniquement pour dégourdir la graine et l'obliger à germer. Dans le cas, dont nous venons de parler, le bassinage est préférable à la mouillure. La quantité d'eau à donner est en raison directe de l'état de développement d'une plante. Ici, nous ne voulons qu'éveiller un germe, un embryon, et nous bassinons ;

plus tard, quand la plante sera, pour ainsi dire, sortie de l'œuf et commencera à vivre de ses propres racines et de ses propres tiges, nous la mouillerons de façon à lui procurer la quantité de séve nécessaire à son existence; enfin, quand la plante sera dans toute sa vigueur, nous devrons répondre à son appétit par un apport de vivres plus considérable et nous arroserons, afin de dissoudre plus de sels et de faire par conséquent plus de séve.

A propos de graines menues, nous dirons que le semis présente quelques difficultés. Quoi que l'on fasse et si peu que l'on en prenne en apparence, il s'en trouve en réalité par centaines dans la main, et la répartition convenable devient réellement impossible. On en répand toujours trop, surtout lorsque l'on débute dans la carrière du jardinage. Vous aurez donc la précaution de mélanger les graines de pourpier, de raiponce et d'autres graines fines, que nous passons sous silence, avec de la terre légère ou du sable ou des cendres. Vous les diviserez ainsi et pourrez les semer ensuite dans cet état de mélange; il en lèvera toujours assez.

De ce que nous recommandons de maintenir les graines fines à la surface du sol, il ne s'ensuit pas qu'on doive, par voie d'induction, enterrer profondément les grosses graines sans exception. Parmi ces dernières, nous avons le haricot qui ne vous permet pas de tirer cette conséquence. Si vous le recouvriez trop, il pourrirait en temps de pluie, ou bien il aurait de la peine à crever sa couverture de terre et à sortir.

D'ailleurs, en règle générale, même avec les graines un peu volumineuses, nous avons intérêt à recouvrir légèrement et à ne point dépasser la profondeur de cinq à six centimètres. La levée se fait mieux; sans doute, en retour, le terrain se dessèche plus vite au-dessus de la graine, et ceci peut empêcher la levée en temps de hâle ou de chaleur intense, mais nous pouvons arroser ou tout simplement étendre un lit de fumier sur nos planches. Il n'y a pas de meilleur moyen pour entretenir la fraîcheur et forcer la germination.

Maintenant, demandons-nous à quelle époque nous pouvons semer et comment nous devons semer. Pour ce qui regarde certaines plantes, comme la carotte et le panais, par exemple, rien ne s'oppose à ce que le semis ait lieu avant l'hiver, en octobre ou en novembre. La semence ne bougera qu'à la sortie de la rude saison, mais huit ou dix jours plutôt que si vous la répandiez au printemps. Si nous semions en septembre, nous aurions une levée de jeunes plantes avant l'hiver, et le soulèvement du terrain par les alternatives de gel et dégel les détruirait. Ce n'est pas la rigueur du froid que nous redoutons, c'est le soulèvement du sol qui déchire les attaches et jette les plantes dehors.

Bien certainement, nous avons quantité de graines potagères que le froid ne détruirait pas, qui passeraient l'hiver en terre, comme le panais et la carotte, mais d'après nos derniers essais, nous croyons prudent de nous en tenir à ces deux racines et d'ajourner au printemps et à l'été les autres semis.

Nous avons des légumes qui passent plus ou moins bien la mauvaise saison et que nous transplantons à la sortie de l'hiver. Dans le nombre, nous citerons les choux. Pour cela, nous les semons dans la deuxième quinzaine d'août, nous les transplantons en pépinière vers la fin de septembre, c'est-à-dire, à trois ou quatre pouces seulement l'un de l'autre, et quand le temps est venu, nous enlevons les choux de cette pépinière pour les mettre à demeure, c'est-à-dire à la place où ils resteront définitivement pour poursuivre et achever leur développement. Les variétés de choux à semer avant l'hiver sont les savoyards hâtifs, le chou d'York, connu sous le nom de cabbage, la plupart des cabus blancs à feuilles lisses, les choux rouges et même des choux-fleurs. La plupart de ces derniers périront, mais il en restera pour mémoire.

Nous venons de dire à quelle époque on doit semer. C'est la réponse à notre première question. Nous n'avons plus qu'à nous expliquer sur la manière de semer, et ce sera la réponse à notre seconde question.

Les semis se font en lignes ou à la volée. Les semis en lignes sont ceux que nous préférons, et pour les raisons que voici : — 1° Ils exigent peu de graines; 2° ils facilitent les sarclages. Les semis à la volée exigent, au contraire, beaucoup de graines et nous entraînent, pour les sarclages, à des frais de main-d'œuvre considérables. Pour assurer la réussite des semis en lignes, il convient d'ouvrir des rigoles au moyen de baguettes ou de bâtons sur lesquels on marche. Les rigoles, ainsi faites, se trouvent tassées au fond et sur les côtés, ce qui, vous le savez, favorise la germination. S'il arrive que l'on ait affaire à des graines d'une levée tardive, comme les graines de carotte, de panais, etc., on y mêle de la semence de laitue ou de colza qui lève de bonne heure, marque bien les lignes et permet les sarclages. Sans cette précaution, les mauvaises herbes envahiraient la planche avant que l'œil pût découvrir les bons légumes.

Nous nous trouvons renfermé dans un cercle tellement étroit, que vous n'attendez pas de nous des menus détails de culture que vous trouverez dans tous les traités et que vous comprendrez et appliquerez aisément. Les notions essentielles, réellement importantes et nécessitant des explications, sont les seules indispensables, les seules que nous devions enseigner.

Nous avons à parler à présent de la transplantation ou repiquage ; et d'abord, quel est l'objet de cette transplantation ? Nous ne l'exécutons pas uniquement pour le plaisir de l'exécuter, car elle nous prend du temps et nous n'en avons point à perdre. Nous l'exécutons par nécessité. Vous saurez que les plantes abandonnées à elles-mêmes ont une forte tendance à nous échapper et à retourner à l'état de nature. Cette tendance est d'autant plus prononcée que le légume a été plus amélioré par la culture. La laitue sauvage, le chou sauvage, n'ont pas, vous le pensez bien, les pommes que nous remarquons dans nos potagers. Nous les avons conduits à l'état de monstres en les cultivant, et nous ne les maintenons tels quels qu'à force de multiplier leurs racines, de les gorger d'engrais et de contrarier leurs propensions naturelles. Or, en transplantant, nous déchirons et taillons les racines, nous les forçons à en émettre de nouvelles, en sorte que plus il y a de bouches, plus grande devient la consommation d'engrais. Nous pourvoyons à cette consommation en enlevant la plante du lieu qu'elle occupait et qu'elle avait plus ou moins épuisé, et nous la reportons dans une place nouvelle richement fumée; puis nous arrosons au besoin pour la forcer à bien vivre. Si nous ne prenions pas ces précautions, si nous ne chicanions pas la nature de fois à autres, notre légume, maintenu en place depuis l'époque du semis jusqu'à la récolte de la graine, ne tarderait point à nous donner de la semence dégénérée qui le ferait retourner graduellement à son état primitif. C'est là ce que nous ne voulons pas. En somme donc, transplanter, c'est multiplier les racines, multiplier les besoins de la plante et remettre un second service sur la table d'un légume qui a consommé en grande partie le premier.

Quelques personnes, faute d'avoir su se rendre compte de l'opération, ont pensé qu'il convenait de se servir d'un déplantoir, afin d'enlever la plante et la motte et de la placer dans un trou ouvert avec un emporte-pièce. De cette façon, les racines sont ménagées et l'on ne fait qu'exécuter un simple déplacement. C'est manquer le but. Ne craignez donc point que la terre se détache au moment de l'arrachage de vos plantes et ne craignez point non plus de rafraîchir les racines avec la serpette, c'est-à-dire d'en tailler les extrémités. Seulement, taillez en même temps l'extrémité des feuilles. Voici pourquoi : la plante transplantée souffre en attendant la reprise, et même quand la reprise commence, les racines ne prennent pas autant de nourriture qu'avant l'arrachage. Elles ne sauraient nourrir toutes les feuilles, et du moment que nous diminuons les vivres, nous devons diminuer le nombre des convives.

Les plantes doivent être transplantées par un temps couvert ou pluvieux, ou tout au moins vers le soir. Un soleil vif les prive de leur eau de végétation, les fane, et cette eau ne saurait être remplacée qu'au moment de la reprise, alors que les ràcines reprennent de la séve. C'est le moment d'arroser fréquemment et plusieurs jours de suite.

L'eau que nous donnons aux plantes sert à deux fins : 1° à dissoudre les sels des fumiers et à les conduire dans les divers organes du légume; 2° à réparer les pertes produites par l'évaporation. Toute feuille qui se fane au soleil a besoin nécessairement qu'on lui rende de l'eau pour remplacer celle que la chaleur lui a enlevée.

L'eau que nous employons pour les arrosages, doit être à la température de l'atmosphère, plutôt plus chaude que plus froide. L'eau froide suspend, trouble la circulation de la séve et nuit aux cultures; l'eau chaude, au contraire, précipite, active cette circulation.

Au début et pendant le cours de la végétation, le sarclage devient un travail de rigueur. Qui dit sarcler dit enlever les herbes inutiles, et enlever ces herbes c'est ménager du même coup l'engrais et l'humidité du terrain. Plus tôt on sarcle, plus l'opération est avantageuse; malheureusement, dans les semis à la volée, les sarclages se font toujours trop tard, car on attend que les mauvaises herbes soient déjà grandes avant d'y toucher. De la sorte, la besogne est facile et expéditive. C'est fort bien, mais par cela même que l'on attend, les mauvaises herbes dépensent, pour se développer, une certaine quantité de vivres qui ne leur étaient pas destinés, et il est clair que si on les enlevait toutes petites, elles consommeraient beaucoup moins. Le sarclage, dans les semis à la volée, ne permet pas qu'il en soit ainsi, mais, avec le semis en lignes, c'est différent. Dès que les herbes inutiles marquent sur la terre et la verdissent, il suffit de passer une ratissoire entre ces lignes pour arrêter toute végétation nuisible. De plus, où la ratissoire passe, les herbes supprimées restent, pourrissent sur place et rendent à la terre ce qu'elles lui ont pris. Avec le sarclage à la main, dans les semis à la volée, les herbes enlevées sont mises en tas, données aux bêtes ou jetées sur les composts, en sorte qu'il n'y a pas de restitution immédiate au sol.

Les sarclages ne sont point limités ; leur nombre dépend des saisons et de l'état des terrains. Quand un sarclage ne suffit pas, on en fait deux, même trois ou plus, selon les besoins. L'essentiel c'est que le sol soit toujours parfaitement nettoyé.

Le sarclage ne nous dispense point du binage qui consiste à remuer le sol avec une houe ou une serfouette. Nous avons déjà dit et nous répétons que le binage a pour but de rompre la couche supérieure de la terre, afin d'empêcher l'humidité souterraine de se vaporiser trop vite. Un binage est rarement suffisant dans le cours de la végétation d'un légume; on en pratique deux et souvent trois avec avantage, et toujours en temps de sécheresse.

Nous avons encore à signaler, parmi les travaux d'entretien, les fumures supplémentaires. Si, dans la grande culture, on ne fume qu'une seule fois par an ou même une seule fois pour trois ou quatre ans, il n'en est pas ainsi dans le jardinage. Nous ne lésinons pas avec l'engrais, et c'est à cette condition seulement que nous obtenons des produits superbes. Il nous arrive donc de fumer à diverses reprises, comme si nous ne tenions aucun compte de la fumure principale. Quand une plante a exigé beaucoup d'eau et usé par conséquent beaucoup d'engrais, nous la fumons de nouveau; quand une planche est appelée à porter plusieurs récoltes dans une même année, nous la fumons à chaque semis ou à chaque repiquage; quand les saisons sont très-pluvieuses et que la pluie a lessivé le sol, nous fumons encore; quand enfin la sécheresse est trop forte, nous mettons en couverture une couche de long fumier qui sauvegarde le sol des rigueurs du soleil.

Nous n'en avons pas fini avec les travaux d'entretien : il nous reste encore à parler du pincement des légumes et de la destruction des insectes. Pincer un légume, c'est supprimer, de fois à autres, l'extrémité des tiges et des rameaux, afin de refouler la séve dans les parties voisines, de faire souffrir légèrement la plante et de favoriser la fructification. C'est ainsi que nous pinçons les fèves de marais et les pois afin d'obtenir de plus belles gousses et d'en hâter la maturité. Les jardiniers qui coupent les feuilles des poireaux, qui nouent l'extrémité des tiges de l'ail, qui couchent les fanes de l'oignon, qui rompent à demi les feuilles de choux-fleurs pour recouvrir la pomme, arrivent au même résultat que par le pincement proprement dit, puisqu'ils modèrent ainsi la circulation de la séve au profit des parties essentielles du légume.

Peu de gens savent pincer convenablement une plante. La plupart attendent qu'elle soit très-développée pour pratiquer l'opération et font ensuite un retranchement considérable. Que s'ensuit-il? C'est qu'au-dessous de la partie retranchée, nous voyons partir des rameaux anticipés. Ils ont déplacé trop de séve en une seule fois.

Pour ce qui regarde la destruction des insectes, nous savons peu de chose, et par conséquent il nous reste beaucoup à apprendre. Ceux dont nous avons le plus à nous plaindre, sont les altises qui attaquent les légumes de la famille des crucifères, au début de leur végétation principalement, les chenilles, les limaces, les escargots ou hélices, les fourmis, les larves de taupins, les larves de hanneton, la courtilière, les vers de terre et les pucerons. En outre, nous avons à souffrir aussi des dégâts commis par les taupes, les rats et les campagnols.

Les altises, assez généralement connues sous le nom de puces de terre et de mouchettes, sont difficiles à combattre. On emploie contre elle la chaux fusée, la cendre de bois et les arrosages fréquents. Chacun de ces moyens a quelque mérite; cependant nous devons constater que les uns et les autres ont été impuissants cette année. On a proposé l'emploi d'un instrument appelé puceronnière et qui consiste en une petite charrette, dont le fond très-rapproché du sol est recouvert de goudron liquide que l'on renouvelle de fois à autres. On fait passer cette puceronnière sur les récoltes infestées d'altises qui sautent et s'engluent au passage. Nous ne savons au juste ce que vaut cet instrument.

Les chenilles commettent de grands dégâts, parmi nos choux principalement. On a conseillé de semer du chanvre parmi les planches, d'étendre de la fougère et des rameaux d'aulne sur les légumes, de placer des coquilles d'œufs au-dessus de baguettes fichées en terre; on a proposé les arrosages avec de l'eau de savon noir, avec de l'eau salée, etc. Nous avons, pour notre compte, essayé de toutes ces recettes, puis nous les avons abandonnées, et aujourd'hui nous nous bornons à écheniller ou à faire écheniller à la main et à écraser les œufs de papillons que nous trouvons sous forme de plaques jaunes sur les feuilles de nos choux, et surtout au revers des feuilles. Les limaces sont très-redoutables sur les terrains humides et dans le voisinage des haies. Nous en avons de diverses grosseurs et de diverses couleurs, les unes rouges, noires, jaunes, les autres grises ou blanchâtres. Les plus grosses ne sont pas celles que nous redoutons le plus, car on les découvre facilement et l'on s'en débarrasse en les écrasant du pied; mais avec les petites grises, c'est une autre affaire. En les cherchant bien, on ne les trouve pas toujours, et il n'est pas rare de voir disparaître des touffes de haricots, des pieds de courges et d'autres légumes sans pouvoir mettre la main sur l'ennemi. Ce qu'il y a de mieux à faire, c'est d'entourer les plantes de cendres vives et de charbon pilé; les limaces redoutent le contact de ces substances et s'en éloignent.

On a recommandé aussi l'emploi de l'eau salée et de la chaux en poudre.

Pour les escargots ou hélices, il suffit de les chercher dans leurs retraites, qui sont ordinairement les trous de murs, ou de les saisir sur les plantes pour s'en défaire.

Les fourmis sont moins inoffensives qu'on ne le suppose généralement, non-seulement à cause des magasins qu'elles établissent sous terre, mais aussi parce qu'elles attaquent les extrémités de certaines plantes. Quand la fourmilière est isolée, on peut la détruire avec de l'eau bouillante versée seule ou sur de la chaux vive, ou bien encore avec des charbons ardents; mais quand elle se trouve au pied d'un arbre ou au milieu d'un semis, il convient de recourir à d'autres moyens. Nous avons employé avec succès l'huile animale de Dippel qui éloigne assez promptement les fourmis, mais l'huile empyreumatique en question est d'un prix un peu élevé. Nous avons employé aussi les fioles d'eau miellée et avec succès; malheureusement, l'effet est lent. On a recommandé enfin l'usage de pots à fleurs, dont on bouche le trou et que l'on renverse dans le voisinage des fourmilières. Les insectes s'y réfugient en très-grand nombre; leur destruction devient facile, et, au bout de trois ou quatre opérations, c'en est fait d'eux. Nous pensons que l'on pourrait tirer un excellent parti du goudron de houille et nous en conseillons l'essai. Il nous semble qu'un verre ou un demi-verre de ce goudron suffirait pour déloger les fourmis de leurs retraites.

Les larves de taupins ou vers jaunes sont très-communes dans certaines localités et s'attaquent principalement aux racines des plantes maladives. Nous ne connaissons aucun moyen de nous en débarrasser et nous en sommes réduit parfois à gratter la terre au pied de nos choux repiqués jusqu'à deux ou trois reprises, afin de les saisir avec la main et de sauver les plantes.

Quant aux larves de hannetons, il conviendrait d'encourager la destruction de l'insecte parfait; malheureusement, elle n'est encouragée nulle part. Dans cet état de choses, nous ne pouvons qu'écraser les larves au fur et à mesure que les labours nous permettent de les saisir. On a conseillé de planter des fraisiers et de semer de la laitue dans les terrains sujets aux ravages de ces larves. Comme elles en sont très-friandes, elles attaquent ces plantes de préférence à d'autres, et dès qu'elles se fanent, on est à peu près sûr de mettre la main sur l'ennemi.

La courtilière ou taupe-grillon commet des dégâts très-importants dans les terres légères. D'ordinaire, on la détruit de la manière suivante : On verse à l'orifice de sa galerie un peu d'eau, puis tout aussitôt un peu d'huile à brûler. L'insecte, empoisonné ou asphyxié, sort promptement de terre et vient expirer au dehors. Dans ces derniers temps, on a conseillé de remplacer l'huile et l'eau par une décoction de tourteau.

Les vers de terre sont redoutables dans les potagers humides et détruisent en peu de temps nos plantes repiquées, surtout les jeunes choux. Quelques cultivateurs les trompent en éparpillant de l'herbe fraiche parmi les repiquages; d'autres arrosent avec de l'eau salée, afin de forcer les vers à déloger; d'autres encore arrosent avec de l'urine de cheval; d'aucuns enfin frappent sur des pieux aux deux extrémités des planches, impriment ainsi des secousses au sol, font monter les vers à la surface et s'en emparent rapidement. Nous en savons même qui ont la patience de leur faire la chasse en temps de pluie et pendant la nuit, avec une lanterne à la main. Dans ce cas, il faut ramasser les vers très-diligemment.

Les pucerons sont surtout à craindre dans les années de sécheresse. Ils s'attaquent à nos fèves de marais et à nos choux, dont ils contrarient beaucoup la végétation. Les pucerons de la fève sont noirs; les pucerons du chou sont verdâtres. Pour préserver les fèves de leurs attaques, il est d'usage de pincer les sommités pendant la floraison et d'enlever ainsi les parties les plus tendres. Pour sauver les choux, nous ne connaissons pas de moyen plus efficace que l'emploi de l'eau salée. Une bonne poignée de sel de cuisine dans un litre d'eau suffit. Lorsque le sel est dissous, on trempe dans la dissolution un morceau de flanelle ou un tampon d'ouate et l'on en frotte légèrement les feuilles attaquées. Ce procédé nous a rendu de bons services.

Les taupes bouleversent nos planches et nous causent de sérieuses inquiétudes. Il n'est pas toujours facile de les prendre avec la houe; il devient coûteux d'employer les fers, et, d'ailleurs, ces fers ne conservent pas longtemps leur ressort; les taupiers n'exercent pas partout leur industrie et nous n'avons pas toujours la ressource de pouvoir traiter avec eux. Il s'agit donc de chercher d'autres moyens de destruction. L'un des meilleurs et des moins coûteux, à notre avis, consiste, à piler des vers de terre, à les assaisonner de poudre de noix vomique et à en former des boulettes que l'on jette dans leurs galeries. On a conseillé également l'emploi du goudron de houille; on assure qu'il suffit de tremper des morceaux de bois dans ce liquide et de les planter sur le parcours des taupes pour les éloigner immanquablement. Enfin, dans les contrées où le ricin croît facilement, on fera bien d'en semer des graines, de loin en loin, car cette plante a la réputation de faire fuir les taupes. Personnellement, nous avons été témoin de résultats très-satisfaisants.

Les rats et les campagnols commettent aussi des dégâts dans nos potagers. Les piéges ordinaires, les pots vernissés en dedans, complétement enterrés et à moitié remplis d'eau; les graines de pois ou de froment empoisonnées avec de l'arsenic ou du sulfate de strychnine, peuvent nous en délivrer. Parfois, les campagnols sont si nombreux, qu'il convient de leur faire la chasse sur une grande échelle. A cet effet, on brûle des matières soufrées à l'ouverture de leurs galeries, et l'on chasse les vapeurs sous terre au moyen d'un soufflet.

Sixième conférence.

RÉCOLTE, CONSERVATION ET EMPLOI DES PRODUITS RÉCOLTÉS.

Quant aux plantes que nous récoltons journellement pour les besoins de la cuisine, nous n'avons rien à dire; nous ne nous occuperons que des racines, des pommes de terre et de choux, dont nous faisons habituellement des conserves importantes. En ce qui regarde les racines, telles que carottes, betteraves, navets, etc., c'est d'ordinaire vers la fin d'octobre ou au commencement de novembre que nous les sortons de terre. Nous devons choisir, pour cela, un temps sec, n'en commencer l'arrachage que vers dix heures du matin et l'interrompre vers trois heures de l'après-midi. Les racines doivent être étendues sur le sol pendant deux ou trois heures au moins, afin qu'elles aient le temps de se bien ressuyer. Nous avons à faire la même recommandation pour les pommes de terre. Ces précautions prises, on pourra, ou les remettre de suite en cave, ou, ce qui vaut mieux, les étendre d'abord pendant une quinzaine de jours sous un hangar ou dans une grange. Mais admettons qu'on doive encaver de suite les racines et les pommes de terre. On commencera par les dégager de leurs fanes, puis l'on s'arrangera de façon à établir le mieux possible des courants d'air parmi les tas. C'est le seul moyen de prévenir la pourriture et de retarder la pousse. Voici pourquoi : — la pourriture, de même que la germination, est le résultat d'une fermentation. Pour qu'il y ait fermentation, il faut trois choses, de l'air, de l'humidité et un certain degré de chaleur. Supprimez une de ces trois choses, et la fermentation ne pourra se faire. Il est clair que nous ne pouvons pas supprimer l'humidité dans nos caves et que nous ne pouvons pas davantage supprimer l'air. Reste donc le degré de chaleur. Nous pouvons empêcher celui-ci de se produire, du moment que nous renouvelons l'air de la cave avec soin. Par conséquent nous pouvons prévenir jusqu'à un certain point et la pourriture et la pousse.

Les tubercules et les racines sont des êtres vivants, et la preuve c'est qu'en les replantant à la fin de l'hiver, ils reprennent racine et donnent des tiges. Or, tout être vivant, végétal ou animal, donne de la chaleur, et cette chaleur devient d'autant plus forte que les racines sont plus nombreuses, plus serrées les unes contre les autres et que l'air a plus de peine à circuler parmi elles. Si donc, nous entassons nos pommes de terre et nos racines sans précaution, il se développe dans les tas une température élevée qui ne tarde pas à produire de fâcheux effets. On dit alors que les produits s'échauffent, et l'on est tout surpris de voir ces produits émettre des tiges étiolées dès le courant de janvier sinon plus tôt. L'échauffement est d'autant plus certain qu'il est d'usage de fermer soigneusement les ouvertures des caves dès les premières gelées et de ne point les ouvrir même pendant les journées tièdes. Maintenant que nous connaissons les causes du mal, il s'agit de les faire disparaître, et le mal disparaîtra nécessairement en même temps.

Prenez donc la précaution de placer des claies sur des bûches de bois, puis d'élever sur des claies en question une sorte de cheminée d'appel, faite grossièrement avec trois morceaux de planches, ou bien contentez-vous d'un fagot de gros bois sec qui permettra la circulation de l'air. Enfin, séparez les claies du mur de la cave avec de la ramille, de la paille de colza ou même de la paille de céréales. Cela fait, versez vos pommes de terre sur les claies et n'élevez pas trop le tas. L'air circulera librement parmi les tubercules, et, grâce à son renouvellement continuel, vous n'aurez rien à craindre. Il va sans dire que vous aurez la précaution, en outre, d'ouvrir les larmiers des caves pendant les journées tièdes de l'hiver, et que vous n'y laisserez plus constamment du foin ou du fumier.

Pour ce qui regarde les carottes, les betteraves et les

navets, il est prudent de les disposer par petits tas de faible épaisseur et de les éloigner des murs, toujours en vue de maintenir parfaitement la circulation de l'air parmi ces racines. Les carottes longues conviennent surtout pour les conserves, parce qu'on peut les disposer bout à bout sur deux longueurs, à la manière du bois de corde.

Quoi que l'on fasse pourtant, les navets tendres ou demi-tendres, arrivés à leur complet développement, sont de difficile garde dans la cave. Aussi, quand nous voulons en réserver pour porte-graines, nous avons la précaution de les semer tardivement, dans le courant d'août par exemple, pour qu'ils n'arrivent pas au développement complet avant l'hiver, puis nous ouvrons au jardin des silos de quarante à cinquante centimètres de profondeur; nous y mettons nos racines, une à une, en ayant soin qu'elles ne se touchent pas et nous recouvrons de terre.

Du reste, la conservation en silos convient à toutes les autres racines et aux pommes de terre. Il suffit seulement de choisir une partie sèche du terrain, d'y ouvrir une fosse circulaire de quinze à vingt centimètres de profondeur tout au plus pour servir de base au tas, d'y empiler tubercules et racines en forme de cône, de coiffer ce cône d'une gerbe de paille, de recouvrir de terre, légèrement d'abord, puis fortement à mesure que les gelées deviennent rigoureuses. Ces conserves ont l'avantage de ne pas s'échauffer et de passer la rude saison sans inconvénients.

Pour ce qui concerne les choux, il importe de ne pas attendre la gelée pour les rentrer ou les conserver d'une manière quelconque. En cave, ils sont sujets à pourrir; au grenier, ils se conservent un peu mieux, mais ils laissent encore beaucoup à désirer. Le procédé qui nous a le mieux réussi consiste tout simplement à ouvrir des rigoles dans le jardin, à y placer les choux la tête en bas et à couvrir de terre. Dès que les fortes gelées ne sont plus à craindre, ou au fur et à mesure des besoins, on les sort des silos pour les vendre ou les consommer. Quelques personnes ouvrent également des rigoles, y placent leurs choux, les pieds dans ces rigoles et la tête hors de terre et inclinée vers le nord. Elles recouvrent jusqu'aux premières feuilles avec la terre extraite d'une seconde rigole, et ainsi de suite jusqu'à ce que la provision soit casée, après quoi elles recouvrent d'un toit léger qui ne s'oppose pas à la circulation de l'air.

Quant à l'emploi des produits récoltés, la plupart d'entre vous le connaissent pour ce qui concerne les légumes cultivés habituellement dans le pays ; mais comme, dans la liste des espèces et variétés que nous avons donnée précédemment, il se rencontre des légumes d'un usage très-peu répandu, il nous paraît convenable d'appeler sur eux votre attention. Ainsi les courges, que vous désignez vulgairement sous le nom de cahoutes, sont considérées par la plupart d'entre vous comme de simples objets de curiosité qui figurent parfaitement dans un jardin à fleurs. Ainsi, vous ne connaissez point le crambé maritime ou chou-marin et seriez fort en peine d'en tirer parti ; enfin vous ne connaissez peut-être pas davantage la rhubarbe comestible ; donc, il est bon que vous sachiez que, dans certaines contrées, notamment dans l'est, le centre et le midi de la France, on fait une consommation considérable de courges, sous forme de soupes, de tartes, etc. Quant au crambé, c'est un légume hors ligne, bien autrement précieux que le précédent et tellement recherché sur les meilleures tables anglaises, que nous ne comprenons pas l'oubli dans lequel on le laisse ici. On l'obtient de graines ou d'éclats, et la seconde année, dès que l'on aperçoit ses pousses, on butte chaque pied avec de la terre sèche jusqu'à ce que les pousses en question soient un peu recouvertes. Au bout de deux ou trois jours, les jets se font jour à travers la terre et il convient de recharger la butte pour recouvrir de nouveau, et ainsi de suite jusqu'à ce que les jets aient atteint une longueur de dix-huit à vingt centimètres. Par cela même qu'ils ont végété souterrainement, ils sont tendres, étiolés, cassants, et c'est le moment de les consommer. A cet effet, on saisit la butte par la base et on la démolit avec les mains. Si on la démolissait par le sommet, on romprait par petits morceaux tous les jets de crambé, tandis qu'en procédant par la base, on les conserve intacts. Une fois la butte défaite, on coupe toutes les pousses, à l'exception de deux ou trois petites et en ayant soin de ne pas offenser le pied mère. On lave délicatement ces pousses ; on les jette dans l'eau bouillante pendant quelques minutes, afin de diminuer leur âcreté naturelle, et, après cela, on les prépare au blanc comme les choux-fleurs. On laisse les pieds récoltés à l'air et au soleil pendant quatre ou cinq jours, et on les arrose avec de l'engrais liquide bien affaibli. Dès que leur végétation reprend, c'est-à-dire au bout du délai indiqué, on réforme la butte comme précédemment et l'on obtient assez vite une seconde récolte. Rien n'empêchera d'en prendre une troisième par les mêmes moyens. Après cette troisième récolte, la souche, tourmentée dans son développement, devra être abandonnée à elle-même. On la laissera donc se développer à l'air. Seulement, par cela même qu'elle aura beaucoup souffert, elle aura de la tendance à se mettre de suite à fleurs. On devra, par conséquent, la surveiller et couper les boutons à mesure qu'ils se formeront, afin de favoriser la croissance des feuilles. Quant aux pieds destinés à donner de la graine, on ne les assujettira à aucune récolte.

Les plantations de crambé durent sept ou huit ans en bon rapport, et, pendant ce temps, des rejets partent des racines en grand nombre et permettent de renouveler les plantations par éclats.

Un dernier mot maintenant sur le compte de la rhubarbe. La partie verte des feuilles, relevée avec un peu d'oseille, peut être mangée sous forme d'épinards ; les pétioles ou queues des feuilles sont d'autant plus recherchés pour la préparation des tartes qu'ils sont précoces et arrivent avant les groseilles. Il suffit de perler ces pétioles très-légèrement, de les couper par morceaux, de les jeter dans l'eau bouillante, de les en tirer au bout de quelques secondes, de les égoutter et de les étendre sur la pâte. Une fois la tarte cuite, on ajoute du sucre ou de la cassonade.

Septième conférence.

DES DIVERS MOYENS DE MULTIPLIER LES PLANTES, DE LA FABRICATION DES GRAINES DE CHOIX ET DES SOINS A LEUR DONNER.

Les moyens employés pour la multiplication des plantes potagères sont le semis, l'éclatement et le bouturage, mais les deux premiers sont le plus souvent mis en usage. Si, par l'éclatement, nous multiplions d'ordinaire l'artichaut, l'oseille, le crambé, la rhubarbe et d'autres légumes encore, il n'en reste pas moins vrai que la graine joue le plus grand rôle dans l'œuvre de reproduction, et que les sujets venus de graines sont toujours plus beaux et plus robustes que ceux venus d'éclats.

Notre attention portera donc principalement sur la question du semis.

Toutes les fois que nous avons affaire à des plantes que la main de l'homme n'a pas trop modifiées, et qui sont encore très-voisines de leur état sauvage, la reproduction ne présente pas de difficultés sérieuses. Il suffit de choisir les sujets les plus vigoureux et de prendre sur ces sujets les semences les mieux conformées, qui sont toujours les premières mûres. Ainsi, pour la mâche ou doucette, le persil commun, le cerfeuil commun, la raiponce, l'oseille, l'arroche belle-dame, la courge, le crambé, le cresson alénois ou passerage, l'épinard, la tétragonie, la fève, le haricot, la poirée, le pois commun, la pomme de terre, le pourpier vert, la rhubarbe, la valériane d'Alger, les choux non-pommés, les laitues à couper, la sarriette, etc., etc., plantes plutôt naturelles qu'artificielles, s'il est permis de s'exprimer de la sorte, rien n'est plus aisé que leur multiplication. Elles tiennent d'autant moins à retourner à l'état sauvage qu'elles en sont plus rapprochées et que la main de l'homme ne leur a pas fait violence. C'est pourquoi nous ne les transplantons pas pour assurer la qualité de la graine.

Mais s'agit-il de plantes forcées par la culture et plus ou moins artificielles, ces plantes ont une tendance telle à nous échapper, à retourner à leur état primitif, à dégénérer selon nous, que nous devons procéder à leur égard, comme procèdent les éleveurs de races artificielles d'animaux à l'endroit de ces races. Nous devons les transplanter au moins une fois, souvent deux et même trois fois, afin de multiplier leurs racines, de développer leur appétit et de renouveler l'engrais à leur pied. Ces procédés n'ont rien de commun avec ceux de la nature qui ne connait pas de transplantation. C'est pousser à la pléthore, à l'excès d'embonpoint. Ainsi, supposons qu'au lieu d'avoir affaire à du persil commun que nous ne transplantons pas et dont la graine n'en reproduit pas moins fidèlement le type, nous ayons affaire à du persil frisé qui se trouve plus éloigné de l'état sauvage que le premier; nous devrons nécessairement transplanter les porte-graines, sans quoi les feuilles ne tarderaient pas à perdre leurs caractères distinctifs. Il en est de même avec le cerfeuil frisé qui exige également la transplantation. Supposons d'autre part, qu'au lieu d'avoir à multiplier la poirée ordinaire, nous ayons à opérer sur la bette à cardes qui n'est en définitive qu'une poirée commune forcée par la culture; nous serons tenus encore de transplanter; autrement, les côtes se rétréciraient promptement. Quel est le pois le plus éloigné de l'état naturel? C'est évidemment la variété ridée de Knight; aussi est-ce cette même variété qui a le plus de propension à dégénérer et qu'en Ardenne, par exemple, nous sommes forcés de repiquer pour avoir de bons reproducteurs. Le pourpier doré à grandes feuilles, qui est un produit forcé par la culture, revient très-vite à l'état de pourpier vert à petites feuilles, si l'on n'a soin de transplanter ses porte-graines. Les choses se passent de la même manière quant aux betteraves, carottes, panais, salsifis, scorsonères, céleris-navets, chicorées à grosses racines, endives et scaroles, choux pommés, laitues pommées, navets, etc., etc. En ce qui regarde les choux, nous avons une observation déterminante à signaler ; la voici : les choux de Savoie qui, assurément, sont très-éloignés de leur état naturel, peuvent fournir de bonnes graines à la suite d'une simple transplantation, mais le chou de Bruxelles, qui est un savoyard plus éloigné encore de l'état naturel que le savoyard commun, ne produit pas aussi sûrement ses semences de choix, et c'est pour cela que tant de sujets de cette variété donnent des rosettes qui ne s'encapuchonnent pas et de grosses têtes à feuilles cloquées au sommet de la tige; c'est pour cela que les jardiniers français assurent que la semence du chou de Bruxelles réussit mal sous le climat de Paris et qu'il convient de s'en approvisionner à Malines ou à Lierre. C'est une erreur : il suffit de transplanter les pieds deux fois de suite à quinze jours d'intervalle, par exemple, de supprimer la tige et de ne choisir la graine que sur les branches latérales pour s'assurer de leur excellente qualité.

En conséquence, il reste donc bien entendu que plus une plante a été contrariée par la culture et dérangée de sa voie normale, plus il y a de précautions à prendre pour assurer la bonne qualité de sa semence, et que ces précautions consistent principalement en repiquages des porte-graines.

Nous ferons remarquer, en outre, toujours pour ce qui concerne les légumes, que les graines des branches principales sont supérieures en qualité à celles des branches secondaires, que les premières mûres sont ordinairement les meilleures et donnent les produits les plus précoces, que celles en gousse ne se valent pas indistinctement et qu'il convient de préférer les semences du milieu de la gousse à celles des deux extrémités. Nous ferons remarquer également que pour les graines disposées sur un axe allongé, telles que celles de la betterave ou de la bette poirée, elles sont meilleures vers la partie moyenne de l'axe qu'en dessous et à l'extrémité supérieure.

Il est de rigueur enfin d'éloigner l'un de l'autre les porte-graines de la même espèce ou du même genre.

Passons maintenant à la pratique des choses, et procédons par ordre alphabétique :

L'arroche ou belle-dame se multiplie d'elle-même ; le vent se charge d'en semer les graines. Seulement toutes les fois que vous cultiverez côte à côte la variété blonde et la variété rouge, vous aurez immanquablement des métis.

L'artichaut ne mûrit pas, assure-t-on, sa graine en Belgique, M. Decaisne l'affirme. Nous voulons bien le croire sur parole.

L'asperge ne donne de bonnes graines qu'au bout de quatre ou cinq ans de plantation. Pour les obtenir, vous laisserez monter les plus beaux turions des premières pousses, non des dernières, comme font à tort la plupart des maraîchers. Quand les baies seront bien rouges, vous les écraserez dans un peu d'eau pour en séparer les graines noires que vous ferez sécher au soleil.

Les racines de betteraves qui conviennent le mieux pour porte-graines ne sont pas les plus volumineuses, ce sont les moyennes. Les plus volumineuses sont des produits forcés ; les plus petites sont des produits dégénérés ; les moyennes maintiennent donc plus fidèlement la race. Vous les replanterez à la sortie de l'hiver, et dès que les graines se formeront, vous pincerez l'extrémité des rameaux granifères pour modérer la végétation.

Vous transplanterez les céleris porte-graines au moment de l'arrachage ; vous les couvrirez de feuilles sèches ou de paillassons; vous les découvrirez au printemps et les entourerez de fumier frais d'étable ou de porcherie. En septembre, vous prendrez la semence sur les branches principales.

Quant au cerfeuil, vous pouvez le semer en toute saison, mais les meilleurs porte-graines sont ceux qui proviennent des semis de septembre, qui s'enracinent bien et s'endurcissent pendant l'hiver. Le cerfeuil de printemps souffre trop de la chaleur et monte trop vite à graines pour donner quelque chose de bon. Pour ce qui regarde le cerfeuil frisé, vous aurez soin de le repiquer ainsi que nous l'avons conseillé plus haut.

Pour faire de la graine de carotte, on peut ou mettre de belles racines de côté pour les replanter à la sortie de l'hiver, ou tout simplement ensemencer une planche dans le courant d'août et recouvrir les jeunes plantes pendant l'hiver avec des feuilles sèches. L'hiver passé, on enlève les jeunes racines, on choisit et l'on repique les mieux conformées. La semence doit être prise sur les plus larges ombelles.

Pour ce qui concerne les choux pommés, vous marquerez ceux qui portent des têtes bien régulières et bien serrées ; vous enlèverez ces têtes pour la consommation et ne garderez que les pieds. Vous transplanterez ceux-ci dans le courant d'octobre et en bonne terre ; vous ferez bien de les transplanter encore à la sortie de l'hiver, après quoi, vous les laisserez monter à graines en ayant soin de soutenir les tiges et les branches principales avec des tuteurs.

Pour les choux-fleurs, vous sèmerez en août, vous repiquerez en octobre ; vous ferez passer l'hiver aux plantes sous un abri quelconque; vous marquerez au printemps ceux qui porteront les plus belles pommes;

vous ombragerez ces pommes avec de larges feuilles pour qu'elles ne durcissent point et vous enlèverez l'abri dès qu'elles feront mine de monter. Vous arroserez souvent et pincerez l'extrémité des branches fleuries.

Pour les choux-raves, vous conserverez les plus beaux sujets en cave ou au cellier, les pieds dans la terre ou dans le sable. A la sortie de l'hiver, vous leur donnerez de l'air et du jour pour que les pousses ne s'étiolent pas, et aussitôt que le temps le permettra, vous les transplanterez au potager.

Les endives ne sont pas faciles à multiplier. Ce qu'il y a de mieux à faire, c'est de les semer tardivement, de les soustraire à la gelée par des abris et de les repiquer au printemps. On en perd beaucoup.

On procède de la même manière avec les scaroles, mais il est plus aisé de réussir.

En ce qui regarde la multiplication du concombre, il convient de laisser mûrir parfaitement les fruits sur place et de n'en retirer la graine que lorsqu'ils commencent à pourrir.

La semence de courge doit être prise sur des fruits bien mûrs, non pourris, dans la partie exposée au soleil, pas ailleurs.

La graine de crambé se récolte sur des pieds provenant de semences, non d'éclats, et dont les premières pousses n'ont pas été étiolées pour la consommation. Les crambés de trois ans sont ceux qui donnent la meilleure graine.

Les épinards d'automne, c'est-à-dire qui passent l'hiver en terre, conviennent tout particulièrement pour la semence. Ceux qui proviennent de semis de printemps ne conviennent pas.

Les fèves de marais qui fournissent la meilleure semence sont celles qui ont été repiquées; cependant les autres ne sont pas à dédaigner. Vous vous attacherez aux longues gousses.

Les haricots nous fournissent leurs graines l'année

même de leur plantation. Il est rare qu'on les repique; cependant il serait quelquefois bon d'agir ainsi avec les variétés sujettes à dégénérer. Les gousses les plus longues, les mieux fournies, les premières mûres, sont à préférer.

Les laitues de printemps, à l'exception de celle à cordon rouge, ne donnent facilement leurs graines qu'à la condition d'être cultivées sous châssis en hiver, et repiquées sous cloche dès qu'elles pomment. Pour les laitues d'été, c'est différent. On les sème en mars ou avril, à bonne exposition; on transplante les plus beaux pieds et on laisse monter à graines ceux qui donnent les plus belles pommes. Pour s'assurer de la bonne qualité de la semence, qui mûrit très-irrégulièrement, il est nécessaire de pincer les graines au fur et à mesure qu'elles mûrissent, et qui dit pincer dit enlever avec les ongles. Sans cette précaution, les premières graines mûres, qui sont les meilleures, tombent à terre ou sont mangées par les petits oiseaux. Les bonnes ménagères les récoltent aussi en mettant devant elles un tablier qu'elles relèvent d'une main par les deux bouts, tandis que de l'autre main elles abaissent les porte-graines et les secouent dans le tablier. Pour faire la graine du commerce, on attend qu'une partie des graines soit mûre; on arrache les pieds, on les fait sécher au soleil, puis on les bat et on vanne. De cette façon, la récolte se compose de graines mûres, de graines à moitié mûres et de graines qui ne le sont point assez. Les unes ne lèvent pas, les autres forment mal leurs pommes, le petit nombre seulement réussissent.

La mâche ou doucette présente assez de difficultés pour la récolte de la semence. A peine mûre, elle se détache et tombe à terre; en sorte que nous perdons régulièrement ce qu'il y a de mieux. Il est d'usage d'enlever les plantes et de laisser la maturation s'accomplir au grenier ou sous un hangar. On obtient ainsi des graines d'une couleur blanchâtre, mais beaucoup sont de qualité douteuse. Pour les avoir bonnes et irréprochables, il faut laisser la mâche mûrir sa semence sur place, enlever ensuite les tiges, balayer la graine avec la terre des planches et jeter les balayures dans un baquet d'eau. La graine surnage et la terre va au fond du baquet. On enlève la semence et on la fait sécher au soleil. Souvent alors et quelque soin que l'on prenne, elle conserve une couleur terreuse qui n'est point admise dans le commerce, mais qui n'en est pas moins un indice de qualité supérieure.

Passons aux navets. Vous sèmerez tardivement ceux que vous destinerez à servir de semenceaux, afin qu'ils n'aient pas le temps de prendre leur développement complet avant l'hiver. Vous les conserverez au potager dans des rigoles de cinquante centimètres de profondeur environ. A la sortie de l'hiver, vous replanterez les plus belles racines, en éloignant le plus possible les diverses variétés l'une de l'autre; vous soutiendrez les tiges et les branches avec des tuteurs et supprimerez les pousses tardives qui se mettent à fleurs aux dépens des graines déjà formées. Quelques jours avant la maturité, vous surveillerez de près les semenceaux, attendu que les petits oiseaux les ravagent avidement.

Pour la semence d'oignons, vous prendrez quelques beaux ognons au grenier, à la sortie de l'hiver, et les planterez dès que les fortes gelées ne seront plus à craindre. Pendant le cours de la végétation, vous donnerez des tuteurs aux tiges, et, en septembre, quand les enveloppes des graines s'ouvriront, vous couperez les têtes, vous en ferez des bottes et les mettrez sécher à l'ombre, la tige en bas, et au besoin même au soleil. Aussitôt séchées, vous les égrènerez entre les mains.

Vous récolterez votre graine d'oseille sur des plantes de semis, non d'éclats. La première récoltée sera la meilleure.

Vous ferez votre graine de panais comme nous avons recommandé de faire la graine de carotte. Ceux qui conservent les semenceaux de panais en terre pendant l'hiver pour les laisser monter à fleurs au printemps sans les repiquer, ont tort. Voici pourquoi : parmi ces racines en terre, il en est de défectueuses, de difformes. Or, comme la graine hérite des défauts ainsi que des qualités des mères, il est impossible de compter sur de la graine de choix. Pour répondre de la chose, il faut nécessairement avoir vu les racines mères.

Pour le persil, vous prendrez les graines sur les principales ombelles. Quant au persil frisé, la transplantation est de rigueur.

Pour le poireau, vous mettrez en jauge ou en rigole les plus beaux pieds. Ils passeront ainsi l'hiver. Vous les replanterez au printemps et les conduirez avec des tuteurs comme les semenceaux d'ognons.

En ce qui regarde la poirée ou bette à cardes, vous la sèmerez en mars ou avril ; vous la repiquerez dans le courant de juin, lui ferez passer l'hiver sous des abris et la traiterez ensuite comme les porte-graines de betteraves.

Quant aux pois, le repiquage n'est de rigueur que pour les variétés sujettes à dégénérer. Pour les pois ordinaires, vous choisirez les plus longues gousses, les mieux fournies et les premières mûres.

Le pourpier surprend souvent le cultivateur. Dès que l'on s'aperçoit de la maturité des premières graines, on incline les tiges et on les secoue sur des feuilles de papier. C'est une opération à renouveler tous les deux ou trois jours. Beaucoup de personnes les arrachent, les font dessécher au grenier et les battent ensuite.

La graine de raiponce doit être récoltée sur des beaux pieds provenant de semis exécutés vers la fin de juin.

Pour les radis gris, noirs ou ramelasses, on sème en juin, on récolte en octobre, on conserve quelque temps les racines dans du sable frais, on replante les plus belles à l'approche des gelées et à une certaine profondeur ; on recouvre de feuilles mortes ou de paille et l'on découvre en mars.

Pour les radis de printemps, on les sème de bonne heure et à bonne exposition et l'on transplante les plus jolies racines sitôt formées, afin d'en faire des porte-graines.

Beaucoup de mauvais jardiniers prennent la semence de scorsonère sur des pieds maladifs et se mettant à fleur la première année. C'est de la mauvaise graine. Pour en faire de bonne, il convient que les scorsonères restent en terre pendant un an. Au printemps de l'année suivante, on les arrache, on choisit les racines irréprochables quant à la forme et on les transplante à quinze ou vingt centimètres de distance. Les aigrettes blanches annoncent la maturité de la semence.

Ajoutons, en terminant, que, pour être de qualité supérieure, les graines doivent être parfaitement mûres et que la maturité doit se faire autant que possible sur pied.

On a dit que pour beaucoup de légumes, les graines de deux et de trois ans valaient mieux que celles de l'année même; nous ne partageons pas cette opinion. Si parmi les graines de l'année, beaucoup sont sujettes à monter, c'est que, dans le nombre, beaucoup n'ont pas atteint leur maturité parfaite. On sème ainsi des sujets malades qui ont hâte de se reproduire. Avec la graine vieille, les sujets malades ont eu le temps de mourir dans le sac et nous n'avons plus affaire qu'à des semences bien conditionnées. C'est parce que l'on fait la part des mortes que l'on a toujours soin de nous recommander de semer les vieilles graines plus serrées que les graines nouvelles.

Pour les plantes qui doivent nous donner de la graine à consommer, il y a peut-être avantage à préférer la vieille semence à la nouvelle; mais, pour les plantes qui doivent nous donner beaucoup de feuilles, nous devons accorder la préférence à la graine nouvelle; complétement mûre, elle a nécessairement plus de vigueur que l'autre.

ARBORICULTURE FRUITIÈRE.

Huitième conférence.

NOTIONS ESSENTIELLES DE PHYSIOLOGIE VÉGÉTALE.

Rien qu'avec la parole ou avec la plume, il n'est pas aisé de former de bons cultivateurs d'arbres ; il faut s'aider du dessin, ou, ce qui vaut mieux encore, prendre ses outils et enseigner au jardin, avec les arbres devant soi ; c'est vous dire assez que nos conférences sur l'arboriculture fruitière laisseront beaucoup à désirer et qu'elles ne porteront d'excellents fruits qu'avec l'aide de la pratique.

Quoi qu'il en soit, servons-nous le mieux possible de nos petites ressources, et posons clairement les bases essentielles de l'art qui fait l'objet de notre étude.

Et d'abord, commençons par le commencement : avant de se livrer à la culture des arbres, il faut se procurer les outils nécessaires. Ces outils sont la bêche pour ouvrir les fosses et cultiver au pied des arbres, la houe pour certains labours, la serpette et le sécateur pour la taille ; la scie à main ou egohine pour se défaire des grosses branches ou enlever les parties mortes ; le greffoir pour préparer les scions à greffer ou lever les écussons ; le fendoir pour ouvrir les sujets destinés à recevoir les greffes, quand ces sujets sont trop gros pour être fendus avec la serpette.

De même que le chirurgien doit connaître les différents organes du corps avant de se livrer aux opérations, de même le cultivateur doit connaître les différents organes d'un arbre et sa manière de vivre avant de s'occuper à le conduire. Celui qui saurait bien comment la sève circule dans les végétaux, arriverait, rien que par le raisonnement, à découvrir les principes sur lesquels repose la taille des arbres et à poser des règles, dans le cas où ces principes et ces règles ne seraient point connus. Celui, au contraire, qui ne soupçonne point la marche de la séve, qui n'a pas les moindres notions de physiologie végétale, opérera forcément en aveugle, comme fait un ébrancheur de haies ou de peupliers.

Parlons donc un peu de la séve et de sa marche à travers les tissus végétaux : — Voici un jeune pied d'arbre, avec ses racines, ses branches et ses feuilles. Nous allons commencer par le disséquer, en nous servant, bien entendu, d'un langage plutôt familier que scientifique. Nous tenons surtout à nous faire comprendre, et, pourvu que nous réussissons, les moyens employés auront assez de mérite.

Nous voyons d'abord à la partie tout à fait extérieure de notre tige d'arbre, ce que l'on appelle la grosse écorce ou la peau principale. Si nous fendons cette écorce et la soulevons, nous voyons en dessous une seconde peau, plus ou moins verte, que les gens de la science appellent *liber*, parce que liber est un mot latin qui signifie livre, et que cette seconde peau est justement composée de feuillets pareils à ceux d'un livre, quoique plus fins, puisque nous ne les distinguons que difficilement l'un de l'autre. Si, maintenant, nous soulevons cette seconde peau, nous arrivons au bois blanc que l'on nomme aussi *aubier*. En pénétrant dans l'aubier, nous arrivons graduellement au bois de formation plus ou moins ancienne et nous finissons par atteindre la partie la plus dure, désignée sous le nom de cœur du bois. Quelquefois, pourtant, ce cœur du bois est occupé par la moelle.

Si nous passons de la tige aux branches, nous trouvons exactement la même disposition et de plus, à la base de chaque feuille, un petit bourrelet que nous appellons *gemme* ou *œil*, mais que nous appellerons dorénavant *bourgeon*. Tantôt ce bourgeon s'éteint, s'endort, tantôt il se développe, s'allonge et donne un rameau avec de nouvelles feuilles et de nouveaux bourgeons. Ce rameau devient plus tard, par l'effet de l'âge, ce que nous appelons une branche. Les feuilles qui accompagnent les bourgeons sont considérés comme les poumons de l'arbre, parce qu'elles prennent dans l'atmosphère l'air nécessaire à la vie de cet arbre. Cela est si vrai, qu'un arbre, privé de ses feuilles accidentellement, soit par la voracité des chenilles, soit par une maladie, souffre très-visiblement.

Si, des branches, nous passons aux racines, nous voyons là les parties destinées à prendre la nourriture dans la terre et à fixer l'arbre à demeure.

Pour que les racines de l'arbre prennent les vivres, il faut que ceux-ci soient dissous ou fondus dans l'eau. Quand l'eau manque, la végétation s'arrête nécessairement; quand l'eau ne manque pas, elle se poursuit régulièrement. Une fois la nourriture liquide dans le corps de la racine, elle subit vraisemblablement quelques modifications et prend le nom de séve. C'est ce qui a fait dire que l'engrais liquide était de la séve toute faite. Cette séve monte des racines dans toutes les parties de l'arbre par des conduits de diverses formes que nous nommons canaux séveux. Mais par où monte-t-elle et en vertu de quelles forces? C'est ce que nous allons voir. En s'élevant, elle passe par le bois tendre et d'autant plus facilement que les conduits sont mieux ouverts. Quand le bois est par trop durci au cœur, les passages sont fermés et c'est surtout dans l'aubier que la circulation se fait. Il n'est pas rare de voir des arbres pourris à l'intérieur et vivant bien néanmoins. La séve monte en vertu de plusieurs forces, de la pression de l'air qui la chasse vers les parties où l'évaporation a fait des vides, comme il chasse l'eau dans un corps de pompe dont on a soulevé le piston; en vertu de la propriété qu'ont les liquides de s'élever au-dessus de leur propre niveau dans les conduits d'un très-petit diamètre, c'est-à-dire par l'effet de la capillarité; en vertu de la propriété qu'ont les liquides plus légers que la séve et renfermés dans les cloisons perméables, de passer à travers ces cloisons pour monter dans les liquides plus lourds; en vertu, enfin, et surtout, d'une force inexpliquée et probablement inexplicable que l'on appelle la force vitale. Cette force vitale se révèle surtout dans les bourgeons ou yeux des arbres. Ce sont ces bourgeons qui appellent impérieusement la séve; et plus il y en a, plus l'appel est énergique. Otez les bourgeons et la circulation de la séve s'arrêtera et l'arbre périra. Vous remarquerez que la séve se porte principalement aux extrémités des rameaux et des branches, et que les bourgeons de ces extrémités sont ceux qui en avalent le plus au préjudice des bourgeons inférieurs. Cela tient à ce qu'il y a plus d'yeux sur toute la longueur d'une branche que sur une partie de cette branche, et que la séve se porte où elle se trouve appelée par le plus grand nombre de forces réunies.

La séve, arrivée dans les bourgeons, les développe en rameaux et reçoit l'influence de l'air par l'intermédiaire des feuilles. Alors elle perd une partie de son eau, se modifie, s'épaissit et redescend, non plus, bien entendu, par où elle est montée, mais entre le bois blanc et le liber. Pour le prouver, il suffit d'enlever un anneau d'écorce à une branche ou de serrer l'écorce de cette branche avec une ligature; d'une façon comme de l'autre, le passage se trouve interrompu et l'on voit se former, soit au-dessus de l'anneau enlevé, soit au-dessus de la ligature, un bourrelet qui n'est autre chose qu'un amas de séve descendante qui se convertit en aubier et en liber, puisque c'est cette séve qui a pour objet de faire tous les ans du nouveau bois et d'accroître ainsi le diamètre des tiges et des branches. Cette séve descendante est souvent désignée sous le nom de *cambium*.

A présent que nous savons ou croyons savoir que la séve monte surtout par le bois tendre et redescend entre le bois tendre et le liber, nous ne devons plus être en peine de la conduite de nos arbres fruitiers qui, en définitive, n'est autre chose que le gouvernement de la séve.

PLANTES POTAGÈRES.	DURÉE DE LA VERTU GERMINATIVE D'APRÈS LES OBSERVATIONS DE :			
	DE COMBLES.	VILMORIN.	NOISETTE.	MOREAU et DAVERNE.
Artichaut		5 à 6 ans.		
Asperge				2 à 3 ans.
Aubergine				2 ans.
Betterave	2 ans.	4 à 5 ans.	2 à 3 ans.	
Capucine	3 à 4 ans.		2 à 3 ans.	
Cardon	10 ans.	5 à 6 ans.	10 ans et plus.	3 à 4 ans.
Carotte	2 ans.	3 à 4 ans.	2 ans.	5 à 6 ans.
Céleri	3 à 4 ans.	3 à 4 ans.	3 à 4 ans.	6 ans.
Cerfeuil	2 ans.	3 ans.	2 à 3 ans.	4 à 5 ans.
Chervis	3 ans.		2 à 3 ans.	
Chicorée, endive et scarole	10 ans.	5 à 6 ans.	6 à 7 ans.	5 à 6 ans.
Choux ordinaires	10 ans.	5 à 6 ans.	7 à 8 ans.	8 à 9 ans.
Chou-fleur			4 à 5 ans.	8 à 9 ans.
Ciboule	2 ans.	2 à 3 ans.	3 ans.	
Citrouille ou courge	7 à 8 ans.	6 à 8 ans.		4 à 5 ans.
Cochléaria			2 ans.	
Concombre	7 à 8 ans.	6 à 8 ans.	10 à 12 ans.	
Corne-de-cerf (plantain)	2 à 3 ans.			
Cresson alénois				2 ans.
Epinard	3 ans.	2 à 3 ans.	2 à 3 ans.	3 à 4 ans.
Fève de marais	2 à 3 ans.	5 ans, en cosse.	5 ou 6 ans, en cosse.	
Haricot	2 ans.	Plusieurs années.	de 2 à 4 ans, en gousses.	
Laitue	3 à 4 ans.	4 ans et plus.	3 à 4 ans.	3 à 4 ans.
Mâche ordinaire	7 à 8 ans.	6 ans au moins.	7 à 8 ans.	7 à 8 ans.
Mâche d'Italie	4 à 5 ans.	6 ans.		
Melon	7 à 8 ans.	7 à 8 ans.	12 à 15 ans.	Jusqu'à 25 ans.
Navet de table	2 ans.		2 ans.	
Oignon	2 à 4 ans.	2, rarement 3 ans.		3 ans.
Oseille	2 à 4 ans.	3 ans.	3 à 4 ans, en capsules.	3 ans.
Panais	1 an.	1 an.	1 an.	2 à 3 ans.
Perce-pierre			6 mois.	
Persil	4 à 5 ans.	2 ans.	2 ans.	4 à 5 ans.
Pimprenelle	3 ans.	3 ans.	2 à 3 ans.	3 ans.
Poireau	2 à 4 ans.	2 ans.		3 ans.
Poirée	8 à 10 ans.	5 à 9 ans.	9 à 10 ans.	3 ou 4 ans.
Pois	2 à 4 ans.	3 à 4 ans.	4 à 5 ans, en cosses.	
Poivre-long	10 ans et plus.			
Pourpier	8 à 10 ans.	5 à 6 ans.	7 à 8 ans.	
Radis	10 ans et plus.		6 ans.	3 ans.
Raiponce			3 ans.	3 ans
Roquette			3 à 4 ans.	
Scorsonère	2 ans.	1 à 2 ans.	1 an.	
Salsifis	1 an.	1 à 2 ans.	1 an.	
Sarriette	4 à 5 ans.		4 à 5 ans, en capsules.	
Tomate		3 à 4 ans.		

Plus cette séve circule activement, plus elle développe de bois et de feuilles; quand, au contraire, elle se ralentit dans sa circulation, par suite de l'âge de l'arbre, ou par d'autres causes, elle a de la tendance à former de la fleur et du fruit. Ce fruit et cette fleur peuvent être le résultat de l'âge mûr des végétaux, comme le résultat d'un état de gêne ou de souffrance.

Partant de là, rien n'est plus facile que de ralentir ou d'activer à volonté la marche de la séve. Si nous trouvons qu'une branche en prend trop et grossit à l'excès, tandis que la branche voisine n'en prend pas assez et reste faible, nous pouvons, ou entailler l'empattement de la grosse branche en dessous et couper ainsi les conduits par où la séve circule dans l'aubier, ou bien encore nous pouvons supprimer une partie de la grosse branche, par conséquent une partie des bourgeons qui appelaient la séve. C'est une erreur de croire qu'en taillant court une branche on lui donne de la force, car c'est précisement le contraire qui arrive. Et en effet, plus nous conservons de bourgeons et de rameaux, plus nous faisons monter de séve et plus, par conséquent, nous en faisons descendre pour fabriquer de l'aubier. Les arbres ébranchés des pieds à la tête et ne conservant plus à leur sommet qu'une houppe ou panache de feuilles, ne sauraient grossir vite. Si nous voulons, au contraire, donner de la force et du diamètre à une branche faible, nous lui laissons tous ses bourgeons et ne la taillons pas. Il va sans dire que nous parlons d'une branche faible chargée de bourgeons à bois et non d'une branche faible chargée de boutons à fruits. Nous pouvons encore modérer la circulation de la séve dans un arbre rien qu'en courbant quelques branches. En leur imprimant cette courbure, nous rétrécissons les canaux séveux du dessous de la branche, nous étirons jusqu'à la fatigue ceux du dessus, nous déterminons ainsi une gène, un malaise, et la séve, appelée moins énergiquement, se traîne plutôt qu'elle ne court et donne ainsi plus volontiers de la fleur que de la feuille. Faire souffrir quelques organes d'un arbre, c'est faire souffrir tout le corps de cet arbre, voilà pourquoi, il suffit de courber deux ou trois petites branches sur un arbre trop vigoureux pour l'obliger à fructifier.

Nous pouvons encore jeter de la séve dans une branche faible en incisant la tige de l'arbre au-dessus du point où cette branche s'y attache. L'incision coupe les conduits de la séve, empêche les bourgeons supérieurs d'en trop prendre et force cette même séve à répondre à l'appel des bourgeons de la branche que l'on tient à favoriser.

Neuvième conférence.

DE LA MULTIPLICATION DES ARBRES FRUITIERS PAR LE SEMIS, LE MARCOTTAGE, LE BOUTURAGE ET LE GREFFAGE.

Toutes les espèces et variétés que nous possédons, proviennent de graines, soit qu'elles aient été semées naturellement, soit qu'elles l'aient été par les oiseaux ou par l'homme. Néanmoins, les semeurs d'arbres sont rares et se comptent plutôt parmi les amateurs que parmi les pépiniéristes de profession, à moins cependant qu'il ne s'agisse d'obtenir des sujets pour le greffage.

Le semis des arbres fruitiers n'est pas sûrement lucratif, surtout quand il s'agit des fruits à pépins. S'il peut arriver que pour quelques graines nous obtenions plusieurs variétés précieuses, il peut arriver aussi que de plusieurs milliers de pépins, il n'en sorte pas une seule de mérite. Il y a donc trop de mauvaises chances à courir pour pratiquer le semis à titre d'industrie. On abandonne ce travail à des hommes de goût et d'initiative qui peuvent s'imposer des sacrifices et essuyer des déceptions sans trop en souffrir. La Belgique cite avec orgueil un certain nombre de ces amateurs, et, en première ligne, le célèbre Van Mons, qui a enrichi la pomologie nationale de gains très-estimés. Van Mons est le premier qui ait songé à régénérer nos arbres fruitiers au moyen de semis successifs. A cet effet, il prenait, autant que possible, les graines sur des arbres gagnés récemment, semait ces graines, attendait que les sujets eussent porté fruit, reprenait des graines sur ces sujets, les semait de nouveau, attendait que les jeunes arbres eussent fructifié, et continuait ainsi les semis sans interruption, jusqu'à ce que les produits eussent perdu leurs caractères sauvages. Le succès a répondu aux promesses de sa théorie.

Le marcottage est un procédé de multiplication, dont les cultivateurs d'arbres fruitiers usent très-modérément. Nous ne marcottons guère que la vigne et les espèces destinées à nous fournir des sujets pour la greffe. Marcotter un arbre, c'est prendre une de ses branches, la tordre avec précaution, la coucher en terre dans une rigole rapprochée de la souche, l'y maintenir à l'aide de crochets en bois, la recouvrir de terre et tailler, sur deux ou trois bourgeons, l'extrémité de la branche marcottée. La partie mise en terre développe, avec le temps, des racines, et les développe d'autant plus vite qu'il s'y trouve des bourgeons, ou que des incisions ont été pratiquées sur la branche. Au bout d'un an ou de dix-huit mois, selon les cas, la marcotte est en mesure de se suffire, de vivre de sa propre vie. Alors on songe à la sevrer, c'est-à-dire à la détacher du pied mère. Pour cela, on ne la détache pas en une seule fois, parce que ce serait supprimer trop brusquement l'apport de vivres que la mère fait à l'enfant, et la marcotte pourrait en souffrir. On se borne, en premier lieu, à couper au tiers la branche marcottée, à l'endroit où cette branche entre dans le sol; huit ou dix jours après, on coupe plus avant; et quinze jours plus tard, à peu près, on achève l'opération d'un coup de serpette. Grâce à ce sevrage graduel, la marcotte se soutient fort bien. Parfois, l'on marcotte sans s'occuper du sevrage. C'est ce qui arrive avec les ceps de vigne que l'on couche entièrement dans les provins. Ordinairement les sarments enterrés s'enracinent, et il vient un moment, où n'ayant plus besoin des secours de la souche, celle-ci meurt et pourrit.

On marcotte fréquemment les cognassiers pour en obtenir des sujets destinés à recevoir les greffes de poirier. A cet effet, on scie la tige du cognassier assez près de terre, et dès que la séve émet des pousses au-dessous de la partie coupée, on la recouvre de terre fine, de façon à former graduellement une butte. Les jeunes cognassiers s'enracinent dans cette butte, et, au bout d'un an environ, on les détache pour les mettre en pépinière. Cette façon de procéder s'appelle le marcottage par cépée.

Il n'est pas absolument nécessaire de coucher les branches dans le sol pour obtenir des marcottes enracinées ; rien n'empêche de marcotter à diverses hauteurs. Il suffit pour cela de fixer un appui dans la terre, de le couronner d'une planchette, d'y attacher un pot fendu sur le côté et d'introduire par l'ouverture en question les rameaux élevés que l'on tient à marcotter. Une fois le rameau couché dans le pot, on remplit celui-ci de bon terreau, on charge de mousse humide, on mouille souvent et l'on obtient l'enracinement comme si l'on opérait en pleine terre.

Dans les vignobles, le marcottage se nomme provignage ou provignement, et la terre où l'on marcotte provin.

Le bouturage est un autre moyen de multiplication, qui diffère du marcottage en ce que le rameau bouturé est détaché du pied mère avant l'opération. Ainsi, quand nous prenons un sarment de vigne, un rameau de groseillier, un rameau d'osier, et que nous les mettons en terre au printemps, nous opérons le bouturage. La partie coupée et les bourgeons qui se trouvent enterrés émettent des racines assez promptement, si l'on a soin de les mouiller à propos pour réparer les pertes que produit l'évaporation. Chez nous, le bouturage se pratique assez rarement, et, par conséquent, nous n'avons pas à nous en occuper longuement. Le seul conseil que nous ayons à donner, c'est d'écraser la partie de la bouture destinée à être mise en terre, de la ramollir pendant quelques jours ou même quelques semaines au contact de l'eau, comme font les vignerons qui tiennent, le pied dans la rivière, les paquets de sarments destinés à faire des chapons ou boutures ; c'est enfin de coucher légèrement la bouture en l'enterrant, au lieu de la tenir perpendiculaire. Avec les boutures perpendiculaires, la séve se porte trop vite vers les bourgeons de l'extrémité, développe beaucoup de feuilles et très-peu de racines, ce qui est un mal ; avec les boutures inclinées ou couchées, la séve circule moins vite vers l'extrémité et fait des racines en proportion des feuilles. Nous ne bouturons pas nos arbres fruitiers à pépins ou à noyaux, ce qui ne veut pas dire qu'il serait absolument impossible de les multiplier par ce moyen. Ainsi, on arriverait à la rigueur et avec de la patience à bouturer des rameaux de pommier, de poirier, etc., en pratiquant d'abord l'incision annulaire pour déterminer la formation d'un bourrelet d'aubier, et en plantant le rameau muni du bourrelet en question. Ce procédé a été conseillé à diverses époques, mais il ne s'étend point dans l'application, parce qu'il entraîne des soins et une perte de temps considérables. Il est plus simple et plus facile de recourir au greffage.

Tout dernièrement encore, on prônait le bouturage du cerisier, et l'on assurait qu'en mettant des rameaux de cet arbre dans un vase rempli d'eau, il s'y formait à la longue de petites racines ou filets, et qu'aussitot ces racines formées, on pouvait planter avec la certitude de réussir. Nous n'avons point fait l'essai de ce procédé ; nous nous bornons donc à l'indiquer en passant.

Le greffage qui, tout bien considéré, n'est qu'un bouturage fait dans le bois vivant, est le moyen de multiplication le plus rapide, le plus avantageux et par conséquent le plus suivi.

Nous ne traiterons pas de tous les modes de greffage développés et conseillés par les auteurs. Nous nous en tiendrons aux principaux qui sont : 1° le greffage par approche; 2° le greffage en fente ou en poupée; 3° le greffage en couronne; 4° le greffage en écusson; 5° le greffage en sifflet.

Avant de passer à la pratique de ces diverses opérations, nous ferons remarquer que les sujets destinés à recevoir les greffes doivent être du même genre ou tout au moins de la même famille que la greffe. Plus la parenté est proche, moins la nature est contrariée dans son œuvre, et plus le succès est certain. On greffera donc le poirier sur sauvageon de poirier, sur franc de poirier, autrement dit sur un sujet provenant de pépins de poires cultivées, ou bien enfin sur cognassier qui est de la même famille. Il n'en est pas moins vrai que ces greffes sur cognassier sont moins à leur aise que sur les sauvageons ou les francs, et le prouvent en vivant moins et en fructifiant plus tôt.

On greffera le pommier sur sauvageon des bois ou franc de pommier provenant d'un pépin de pommiers cultivés, pour avoir des arbres vigoureux, ou bien sur doucin, autre espèce de pommier sauvage, pour avoir des arbres de moyenne taille; ou bien enfin sur pommier sauvage, dit paradis, pour avoir des arbres de très-petite taille.

On greffera le prunier sur franc de prunier ou prunellier des haies, l'abricotier sur prunier, et sur franc d'abricotier, le pêcher sur amandier, prunier ou même prunellier et sur franc de pêcher. En Belgique, le prunier convient mieux que l'amandier, tandis qu'en France l'amandier est préféré au prunier, à partir du climat de Paris en se dirigeant vers le midi.

On greffera le cerisier sur sauvageon des bois ou sur franc de cerisier, provenant des noyaux de la cerise cultivée.

On greffera le néflier sur aubépine, pour les terrains secs, et sur cognassier pour les terrains frais.

Il est convenable de ne placer les greffes que sur des sujets bien enracinés, non sur des sujets fraîchement arrachés que l'on replante après le greffage. Les sujets n'ont pas d'influence marquée sur la qualité des fruits; ils ne font que communiquer aux greffes leur plus ou moins de vigueur. (Cependant, par exception, on affirme que le cognassier a beaucoup d'influence sur la forme, le coloris et la qualité des poires nouvelles). Ainsi, un sujet de haute taille communiquera sa taille à la greffe, de même qu'un sujet moins haut reduira la taille des greffes prises sur des pieds élevés. Les sujets qui se plaisent en terrain sec nous permettront d'élever dans ce même terrain des variétés qui, franches de pied, eussent recherché un terrain frais; des sujets qui se plaisent en terrain frais, comme les cognassiers par exemple, nous permettront d'y produire des variétés de poires qui, franches de pied, eussent affectionné des terrains secs. L'arbre y végétera bien; seulement, nous ferons observer que sous le climat de la Belgique les fruits perdront en qualité, au dire des meilleurs praticiens.

Les greffes que nous nous proposons d'insérer sur les sujets dont il vient d'être parlé, doivent être choisies sur des arbres sains et sur des branches verticales exposées au midi. Des greffes prises sur arbres malades héritent de la maladie de famille. Les greffes pourront avoir de un à deux ans, mais celles d'un an sont préférables, car elles sont plus tendres et reprennent avec plus de vigueur. Celles de deux ans sont moins sûres quant à la reprise, ont moins de force, fructifient plus tôt que les précédentes et meurent plus tôt aussi.

Pour ce qui regarde le greffage en fente, nous prendrons nos rameaux ou scions sur les arbres mères au moment de la taille, c'est-à-dire en février ou mars.

Nous les prendrons au sommet de l'arbre mère pour faire des haut-vents vigoureux; vers le centre et même plus bas, pour faire des pyramides et autres formes à taille courte; toujours au sommet sur les arbres de semis, afin d'éviter les épines. Nous ferons des bottes de ces rameaux que nous étiquetterons, et nous placerons ces bottes dans la cave, debout contre le mur et le pied dans du sable frais. Cela vaut mieux que de les ficher en terre au pied de l'arbre qui les a fournis et où ils reçoivent les fâcheuses influences atmosphériques de la sortie de l'hiver. Dans le cas cependant où les caves seraient trop chaudes, on conserverait les greffes à l'air en les abritant avec des paillassons. On assure qu'il est de toute nécessité de faire jeûner ces rameaux plusieurs semaines avant de les greffer; mais nous ne savons jusqu'à quel point l'assertion est exacte, car il nous est arrivé de couper des scions et de les greffer tout aussitôt avec succès.

Passons maintenant à la pratique des différents modes de greffage. La nature nous a fourni le modèle de la greffe en approche, et, en effet, il n'est pas rare de rencontrer dans les forêts ou dans les haies des branches rapprochées les unes des autres, usées par le frottement et solidement soudées. Pour imiter cette greffe, il suffit d'élever l'un à côté de l'autre deux sujets de même force ou à peu près, de les croiser à un moment donné, d'enlever une partie d'écorce et un peu d'aubier sur l'un et sur l'autre, de mettre les plaies en contact et de ligaturer; dès qu'un bourrelet se forme au-dessus des parties réunies, la soudure est bien avancée. Il s'agit alors de sevrer la greffe dans le voisinage de cette soudure. Pour cela, on l'incise d'abord au tiers de son épaisseur, huit jours après aux deux tiers, et, enfin quinze jours ou trois semaines après, on ampute complétement. Il ne reste plus qu'à supprimer la tête du sujet au-dessus de la soudure, afin que la séve ne se détourne point de ses voies et se reporte entièrement dans la greffe. Les cultivateurs d'arbres fruitiers utilisent bien rarement ce procédé. Ils n'ont recours à la greffe par approche que pour regarnir les branches dénudées de quelques arbres, notamment du pêcher et du cerisier. A cet effet, et dès que la séve de printemps commence à remuer, ils saisissent des rameaux vigoureux, à proximité de ces branches dénudées, les couchent sur elles, pratiquent les entailles et les fixent.

Le greffage en fente ou en poupée est le plus généralement exécuté et le plus solide. On le pratique à toute hauteur, mais, le plus ordinairement, à douze ou quinze centimètres au-dessus du sol. Pour cela, on scie le sujet au printemps, dès que les bourgeons des arbres commencent à se gonfler; puis on unit la plaie avec la serpette, parce que les plaies unies guérissent mieux que les plaies déchirées par les dents de la scie. Cela fait, on applique le taillant de la serpette sur le milieu du sujet amputé, et l'on fend ce sujet en imprimant à la lame un mouvement de bascule qui lui permet de couper les écorces au lieu de les déchirer. Dès que l'ouverture est assez profonde pour l'insertion de la greffe, on retire la serpette et l'on tient les parties ouvertes, à l'aide d'un petit coin en bois dur. On prend alors un des scions conservés en cave et on le divise par morceaux portant chacun trois ou quatre bourgeons. Chaque morceau de rameau est taillé en lame de couteau à partir du dessous du premier œil et sur une longueur convenable. La taille doit être faite avec une lame de greffoir bien tranchante, autrement les plaies ne seraient point unies et la reprise deviendrait difficile. On aura soin, enfin, de ménager à la naissance de cette lame de couteau un cran de chaque côté qui permettra d'asseoir solidement la greffe sur le sujet. Le scion préparé, on l'introduira dans l'ouverture du sujet et de façon à ce que les *liber* se raccordent ou s'ajustent parfaitement, et, de crainte de manquer l'opération, on inclinera légèrement la tête du scion sur l'axe du sujet. Ainsi, on sera sûr que les *liber* se toucheront sur quelque point. Il ne restera plus qu'à ligaturer avec un brin d'osier ou tout simplement avec de la grosse laine filée et non retordue, ou des enveloppes de cigares, et à recouvrir avec de l'onguent de Saint-Fiacre qui se compose d'un mélange de terre argileuse et de bouse de vache. Rien n'empêchera de maintenir cet emplâtre au moyen d'un linge. Quelques praticiens se contentent de rouler des étoupes dans l'onguent de Saint-Fiacre et de ligaturer leur greffe sans employer de linge. Voilà ce que l'on appelle la greffe en fente à un scion. La greffe en fente à deux scions se fait exactement de la même manière, mais sur des sujets un peu gros, dont les plaies ne se recouvriraient point à l'aide d'une seule greffe. Au moment de la pleine végétation, on peut faire un choix entre les deux scions, arrêter la pousse du plus faible par des pincements répétés et le supprimer tôt ou tard.

Soit que l'on pratique le greffage en fente ou tout autre greffage, il convient nécessairement de commencer les opérations par les arbres qui végètent les premiers à la sortie de l'hiver et de les finir par ceux qui végètent en dernier lieu.

Le greffage en fente peut être encore exécuté vers la fin de l'automne et même, nous assure-t-on, jusque dans le mois de décembre, pourvu qu'il ne gèle point. Il reste assez de séve en mouvement pour souder la greffe au sujet, et elle n'en part que mieux au printemps suivant.

Enfin, on ne greffe pas seulement des rameaux à bois par le procédé que nous venons d'indiquer, on peut encore greffer des rameaux à fleurs sur les branches d'un arbre.

Le greffage en couronne se fait quand les arbres sont en pleine séve, alors qu'il devient possible de séparer facilement les écorces de l'aubier. Dans ce cas particulier, on emploie comme précédemment les rameaux conservés en cave; seulement, pour les maintenir en bon état, il convient de leur mettre le pied dans une pâte d'argile et de les entourer de mousse mouillée légèrement. Nous supposons donc nos arbres en état d'être greffés en couronne. Nous les amputons avec la scie et les unissons à la serpette comme pour le greffage en fente. Après cela, nous détachons les écorces de l'aubier avec la spatule de notre greffoir, puis nous taillons des greffes en biseau, sur un seul côté, et en ménageant un petit cran à leur base. Cela fait, nous insérons les greffes en question entre l'aubier et le liber du sujet, nous ligaturons et mastiquons par-dessus, soit avec l'onguent de Saint-Fiacre, soit avec les cires à greffer froides ou chaudes, qui ne le valent pas. Plus le sujet est gros, plus il convient d'y placer de greffes, car un petit nombre, deux ou trois, par exemple, ne suffiraient pas toujours pour absorber la séve, s'engorgeraient et périraient, On en met ordinairement de quatre à huit, quitte à enlever plus tard celles qui ne conviennent pas et à ménager ce qu'il y a de mieux. Le greffage en couronne est surtout applicable aux grosses branches et aux gros sujets qui auraient trop à souffrir du greffage en fente; aussi s'en sert-on ordinairement pour rajeunir, comme l'on dit, les vieux arbres de verger.

On désigne encore sous le nom de greffage en couronne de côté, une opération qui nous paraît très-mal dénommée, et qui consiste à insérer, sous l'écorce d'une branche dénudée, des rameaux taillés comme pour la greffe en couronne ordinaire.

Le greffage en écusson, ou oculation, ou inoculation, comme l'on dit encore, est très-expéditif et très-employé pour les arbres à fruits à noyaux, parce qu'il n'occasionne pas de plaies aussi considérables que les opérations précédentes. Il va sans dire qu'elle réussit tout aussi bien sur les arbres à fruits à pépins que sur les autres.

On greffe en écusson à deux époques différentes de l'année : 1° Quand la séve de printemps est dans toute sa force; 2° à la séve d'août. L'écussonnage du printemps est dit à œil poussant, parce que le bourgeon donne et mûrit son rameau la même année. L'écussonnage d'août est dit à œil dormant, parce que le bourgeon ne fait que se souder la première année et ne se développe en rameau qu'au printemps suivant.

Avec l'écussonnage, on prend ses greffes au moment même de l'opération, greffes qui consistent en un bourgeon ou œil détaché avec une plaque d'écorce et un peu d'aubier. Ces écussons doivent être pris sur des rameaux d'un an et ayant poussé dans une direction verticale. Pour les lever, on se sert de la lame du greffoir et, au fur et à mesure que l'on avance sous l'œil, on l'enfonce pour ne point l'offenser. Soit que l'on écussonne au printemps, soit que l'on écussonne en août, on coupe l'écorce du sujet transversalement, puis perpendiculairement, de façon à former un T. Ensuite, avec la spatule du greffoir, on soulève l'écorce des deux côtés et l'on insère l'écusson, sur lequel on rabat les écorces soulevées d'abord, et que l'on maintient avec de la laine filée, mais non retordue. On doit avoir soin de ne pas engager le bourgeon de l'écusson sous la laine et de le laisser bien à découvert. On peut faire l'incision en forme de ⊥ renversé. L'application de l'écusson devient moins expéditive, mais il se trouve mieux abrité contre l'eau des pluies.

L'écussonnage de printemps aussitôt exécuté, on coupe la tête du sujet au-dessus de la greffe qui, nécessairement, doit partir de suite, si, bien entendu, l'on a eu soin de laisser, sur le sujet et un peu au-dessus de la greffe, un œil ou bourgeon d'appel. Avec l'écussonnage d'août, on ne supprime point la tête du sujet immédiatement ; c'est pourquoi le bourgeon dort, en attendant la suppression qui doit avoir lieu au printemps suivant.

Le placage est un véritable écussonnage. Voici en quoi il consiste : on découpe, sur un rameau ou une branche, une plaque d'écorce munie à son milieu d'un œil ; puis on enlève sur le sujet une plaque d'écorce de même dimension ; on substitue la première à celle-ci, on ligature et l'on mastique, et le placage est fait.

Le greffage en sifflet convient principalement au châtaignier, au mûrier et au noyer. Pour le pratiquer, on enlève un anneau de la greffe ayant, bien entendu, un bourgeon vers le milieu de sa longueur ; après cela, sur un rameau de même grosseur du sujet, on enlève également un anneau un peu plus long que le précédent, on remplace l'un par l'autre; on écrase quelque peu les bords du bois qui dépasse la greffe, afin de l'empêcher de sortir au moment de la reprise, alors que la sève tend à la chasser dehors. Souvent on n'enlève pas l'anneau du sujet; on se borne à découper l'écorce de haut en bas par lanières fines; on rabat ces lanières, on insère l'anneau de la greffe, puis on relève les lanières sur cet anneau et on ligature.

Nous avons passé sous silence, et à dessein, quantité de procédés de greffage qui font les délices des amateurs, mais qui ne valent ni plus ni moins que ceux dont il vient d'être question et qui suffisent largement à nos besoins.

Dixième conférence.

ARBRES ET ARBRISSEAUX A CULTIVER. PLANTATION DES ARBRES ET PRINCIPES GÉNÉRAUX DE LA TAILLE.

Les arbres que nous cultivons, sont : le poirier, le pommier, le prunier, le cerisier, le pêcher, l'abricotier, l'amandier très-exceptionnellement, le cognassier, le noyer, le châtaignier, le sorbier domestique, le néflier; quant aux arbrisseaux, nous mettons en première ligne la vigne; puis viennent les groseilliers, framboisier et vinettier.

Nous ne nous permettons pas de désigner, parmi ces espèces, les variétés qui nous paraissent mériter la préférence, parce que nos désignations, justes ici, pourraient ne point convenir ailleurs; parce que tel fruit, dont la saveur nous plaît, pourrait ne point convenir aux autres. Nous savons par expérience à quoi nous en tenir sur ces deux points. Des arbres qui, au dire des connaisseurs, ne devaient point réussir chez nous, ont très-bien réussi, tandis que d'autres, qui devaient réussir sûrement, nous ont donné les plus tristes résultats.

Il faut que je vous entretienne à présent de la plantation des arbres, qui me paraît être la chose essentielle, puisque de cette opération dépend presque toujours la belle venue, la durée des sujets et la bonne qualité des fruits. Beaucoup croient savoir planter un arbre, mais en réalité très-peu le savent, et, de là, quantité de mécomptes.

Il convient d'abord de choisir son terrain, de s'assurer qu'il a de la profondeur, qu'il n'est ni trop argileux ni trop humide et qu'il est exposé de façon à bien recevoir les heureuses influences de l'air et du soleil, du soleil surtout, ce qui revient à dire que les expositions au midi et au levant doivent être préférées à celles du nord et du couchant. Cependant, ne poussons pas trop loin l'exclusivisme, car certaines variétés ne s'y déplaisent point et y prospèrent même. Il est vrai qu'elles constituent l'exception.

A notre avis, les terrains qui donnent les meilleurs fruits, sont ceux de nature calcaire ; la chair y prend plus de ton, la saveur y devient plus sucrée, la coloration y est plus belle. Après ces terrains, viennent les sols de toute nature, pourvu qu'ils soient bien ameublis, bien divisés. Nous ne redoutons que les terrains compactes, tels que les argiles fortes, et les terrains mouillés, comme les marais et les tourbières.

Si nous avions à choisir entre une terre légère qui ne renfermerait pas la moindre trace de pierraille et un terrain caillouteux, nous prendrions ce dernier de préférence à l'autre, parce que les arbres fructifient difficilement dans le premier et assez régulièrement dans le second. C'est parce que ce résultat est bien connu que, dans certaines localités, il est d'usage de mêler de la pierraille à la bonne terre au moment de la plantation.

Un terrain destiné à recevoir les arbres fruitiers doit

être défoncé préalablement à une grande profondeur, afin d'assurer aux racines leur libre développement ; mais il est bien rare que l'on fasse ce travail préparatoire. On se borne, la plupart du temps, à ouvrir de petites fosses, au moment de planter.

Il est temps de se dégager de cette mauvaise pratique. Les fosses doivent être ouvertes six mois ou trois mois au moins avant la plantation ; on doit donner à chacune de ces fosses deux mètres de côté sur un mètre de profondeur, ou tout au moins un mètre cube. La bonne terre que l'on en extrait sera placée sur l'un des bords ; la terre infertile du dessous sera mise à part sur un autre bord ; il importe que la confusion n'ait pas lieu.

Ces dispositions prises, vous planterez à l'automne ou au printemps, mais plutôt à l'automne. Les plantations de printemps ne sont réellement admissibles que dans les terrains frais, bien qu'à la rigueur elles puissent réussir dans les terrains secs, si l'on a soin de mêler un riche terreau à la bonne terre.

Soit que vous tiriez vos arbres des pépinières, soit que vous les éleviez vous-mêmes, vous vous arrangerez de façon que, après l'arrachage, ils conservent leurs racines dans toute leur longueur. A cet effet, on les enlève de la pépinière en ouvrant des jauges de chaque côté et en minant avec soin. Mais quelques précautions que l'on prenne, on offensera toujours quelques racines. Avant de replanter, vous ferez ce que l'on appelle la toilette de l'arbre, autrement dit, vous enlèverez avec la serpette les racines éclatées ou déchirées, et, pour cela, vous taillerez toujours en dessous et allongerez le biseau de la taille. Les plaies nettes se cicatrisent mieux que les déchirures et les meurtrissures. D'un autre côté, les coupes allongées favorisent l'émission d'une grande quantité de chevelu. Si vous retranchez peu aux racines, vous retrancherez également peu aux rameaux ; vous n'en taillerez que l'extrémité. Si, au contraire, vous aviez affaire à des racines très-mutilées, il serait nécessaire de tailler les rameaux très-courts, parce qu'il y a des rapports très-intimes entre ces organes des deux extrémités de l'arbre. Plus vous avez de racines fonctionnant bien, plus vous pouvez nourrir de branches, parce qu'après la reprise, ces racines apportent beaucoup de vivres; mais du moment que, pour une cause ou une autre, vous faites de fortes suppressions, vous diminuez nécessairement l'apport des vivres et devez par cela même diminuer le nombre des convives. Dans le cas où la transplantation des arbres arrachés serait retardée par une cause quelconque, on devrait rafraîchir le chevelu avec la serpette ou même le supprimer pour provoquer l'émission d'un chevelu nouveau.

La toilette de notre arbre est achevée; il ne s'agit plus que de planter. A cet effet, nous tirons avec la pioche, au fond de la fosse, la bonne terre mise en réserve sur l'un des bords, et si cette bonne terre n'est pas en quantité suffisante, nous nous en procurons ailleurs, ainsi que des débris de fumier de vache, pourris à l'extrême. Lorsque cette bonne terre est en quantité suffisante, nous la foulons un peu avec les pieds, pour avancer le tassement, après quoi nous y plaçons notre arbre qui ne doit pas être plus enterré qu'il ne l'était dans sa pépinière. Nous tournons les grosses racines du côté du nord, afin d'en modérer le développement, et les petites du côté du midi, afin de l'activer. Puis, nous cherchons dans la direction des vents dominants, c'est-à-dire du côté de l'ouest pour la Belgique, un intervalle entre les racines. Au milieu de ce vide, nous plantons une baguette qui nous indique la place du tuteur.

Cela fait, deux personnes deviennent nécessaires pour continuer la plantation. L'une soutient l'arbre de la main gauche et occupe la droite à étendre la terre, que la seconde personne jette par petites quantités à la fois sur les racines. Il convient de ne laisser aucun vide sous ces racines. Dès qu'elles sont parfaitement recouvertes et que la bonne terre est épuisée, on achève de combler la fosse avec la terre vierge ou infertile, mise à part, vous vous le rappelez, et qui, au bout de quelques années s'améliorera au contact de l'air. Une fois la fosse comblée, vous vous garderez bien d'imprimer au jeune arbre les secousses d'usage, puisque vous n'avez pas de vide à combler entre vos racines; et au lieu de donner des coups de talon autour du pied pour tasser le sol, vous vous bornerez à le fouler légèrement, puis vous butterez, pour l'hiver seulement.

Enfin, vous enlèverez la baguette avec laquelle on a marqué la place du tuteur, et vous planterez celui-ci, après en avoir charbonné l'extrémité au feu, et avec la certitude qu'en s'enfonçant, il ne rencontrera et ne déchirera aucune grosse racine.

Si nous plaçons le tuteur à l'ouest, au lieu de le placer à l'est, par exemple, c'est parce que les vents dominants tendront toujours à en éloigner la tige de l'arbre. Dans le cas contraire, il suffirait que les liens du tuteur se rompissent pour que la tige chassée par le vent se meurtrît au contact du pieu.

Dans le cas où vous auriez opéré au printemps, vous feriez bien de mettre un peu de fumier d'étable en couverture sur les fosses et d'arroser en temps de sécheresse, pour favoriser la reprise et combattre les fâcheux effets de l'évaporation.

Ce que nous venons de dire ne s'applique pas seulement aux arbres de haut jet; on doit agir de la même manière avec les arbres destinés à la taille.

La taille des arbres a pour but de concentrer la production sur de petits espaces, de la régulariser, de donner à l'arbre des formes gracieuses, d'augmenter le volume des fruits, et quelques-uns même ajoutent leur qualité. Sur ce point, nous faisons nos réserves. Nous admettons bien que, sur un même pied d'arbre, les fruits moyens valent ordinairement mieux que les petits et les gros, mais nous ne saurions admettre que le parallèle entre le plein vent et l'espalier soit à l'avantage de ce dernier quant à la saveur. Les fruits de plein vent sont préférables.

La plupart des arbres fruitiers peuvent être soumis à la taille; cependant il en est qui résistent et protestent contre les caprices de l'homme. Tous, non plus, ne sauraient être assujettis aux mêmes formes. Il est bon de consulter leurs tendances naturelles avant d'opérer. Les arbres francs de pied sont moins dociles que les arbres greffés ou sur cognassiers ou sur sujets nains, parce que, ayant plus de vigueur, ils protestent naturellement plus contre les amputations. Voilà pourquoi nous affectionnons pour la taille les arbres d'une vigueur modérée. Moins la végétation est fougueuse, plus les bourgeons ont de tendance à fructifier en excès, plus nous pouvons supprimer de bois. C'est ce qu'on nomme la taille courte. Plus la végétation est fougueuse, moins nous devons retrancher de bois à la taille. C'est ce qu'on appelle la taille longue. Si les suppressions étaient faibles sur des arbres d'une végétation paresseuse, nous obtiendrions trop de fruits et pas assez de bois pour les nourrir; si, au contraire, les suppressions étaient fortes sur des sujets vigoureux, nous n'obtiendrions que du bois et très-difficilement du fruit.

Avant de tailler un arbre, il convient donc de connaître ses tendances naturelles, et de tenir compte du climat, du sol et de l'exposition. Sous un climat humide, dans un sol frais, avec des arbres fougueux, il faut nécessairement tailler long; sous un climat très-tempéré, à l'exposition du midi, dans un terrain sec et avec des arbres peu vigoureux, il faut nécessairement tailler court.

La taille, on le pense bien, altère la santé des arbres et abrége leur durée, et, sous ce rapport, le mal est d'autant plus grave que les amputations sont plus nombreuses et portent sur de plus gros rameaux. Les larges plaies, très-multipliées, font évidemment souffrir plus que les plaies de petite dimension et en quantité moindre. Il serait donc à désirer que l'on pût conduire les arbres sans l'emploi de la serpette ou du sécateur. Or, à la rigueur, on le pourrait. Au lieu d'attendre qu'un rameau inutile se développe, rien ne nous empêche d'arrêter sa venue en supprimant le bourgeon qui doit le produire. Cette opération se nomme éborgnage. Rien ne nous empêche non plus d'arrêter le développement d'un rameau en supprimant son extrémité avec les ongles, dès qu'il a sept à huit centimètres. Cette opération se nomme pincement ou écimage. Rien ne nous empêche enfin de modérer la végétation de la flèche ou tige d'un arbre en éborgnant le bourgeon terminal de cette tige pour diminuer sa force d'appel. Nous savons tous cela, et si nous n'avions à conduire qu'une demi-douzaine de petits arbres, nous en viendrions à bout sans le secours des outils; malheureusement, la chose devient impossible avec nos cultures. L'éborgnage et le pincement qui, au premier abord, paraissent très-faciles, constituent, en fin de compte, deux opérations d'une délicatesse extrême. Pour les bien pratiquer, il faudrait, en quelque sorte, deviner le rameau ou la branche dans le bourgeon et n'opérer qu'avec une prudence extrême. Nous avons des hommes irréfléchis qui abusent de ces opérations et tuent leurs arbres bien autrement vite qu'avec la serpette ou le sécateur.

Ainsi donc, laissant de côté la théorie qui nous conseille avant tout l'éborgnage et le pincement, nous revenons à la pratique de la taille ordinaire qui fait la part moins large aux inconvénients.

L'amputation doit être faite à quelques millimètres du bourgeon que l'on veut développer, mais jamais aussi près de ce bourgeon en Belgique qu'en France. Toutes les fois que la taille est éloignée du bourgeon, la séve qui n'est point appelée vers la plaie, ne saurait y monter pour la cicatriser et le bois meurt pour former des chicots qui pénètrent assez avant dans le bois vif. Le biseau de la taille ne doit être ni trop allongé, ni trop horizontal. Dans le premier cas, la cicatrice se fait difficilement; dans le second, l'eau des pluies ne s'écoule pas assez vite et séjourne sur la plaie.

La taille se pratique au-dessus, au dessous et sur les côtés des rameaux et des branches. Si l'on veut continuer une branche horizontale, comme dans les pyramides, on taille au-dessus d'un œil de dessous qui continuera la branche. Si l'on veut regarnir un vide, on taille sur un bourgeon de côté; si l'on veut redresser une branche faible qui s'écarte trop de la tige, on taille au-dessous d'un bourgeon de dessus. Ces règles, empressons-nous de le dire, ne sont pas sans exceptions; aussi croyons-nous devoir nous en tenir à ces quelques mots, persuadé plus que jamais que la plume est impuissante à enseigner la taille d'une manière suffisamment intelligible. En quelques minutes au jardin, on fera plus de besogne et de meilleure besogne qu'avec une plume sur des centaines de pages de papier.

Onzième conférence.

DES DIVERSES FORMES A DONNER AUX ARBRES.

Les formes, auxquelles nous assujettissons les arbres taillés, sont nombreuses et augmentent chaque jour, selon les caprices des amateurs qui nous apportent modifications sur modifications. Nous nous contenterons d'indiquer ici les principales qui sont : la pyramide, la quenouille, le fuseau, le vase ou gobelet, pour les plantations de plein vent; le cordon oblique et les éventails de toutes sortes pour l'espalier. Qui dit espalier, dit non un arbre, mais le mur contre lequel l'arbre sera palissé. C'est parmi les éventails que nous rangeons la palmette simple, la palmette double, la palmette à branches courbes, la treille en cordon, la forme en candélabre, le V ouvert de Montreuil, la forme carrée, la lyre, etc.

Nous entendons par forme en pyramide cette forme conique, que prennent naturellement les épicéas par exemple. Les branches de la base sont les plus longues et les plus grosses, et au fur et à mesure que l'on se rapproche du sommet, elles diminuent de longueur et de force pour se réduire à rien. La pyramide est avantageuse, non-seulement parce qu'elle flatte agréablement la vue, mais encore parce qu'elle permet de placer un grand nombre d'arbres sur un espace restreint.

La quenouille est une forme qui nous semble moins gracieuse et difficile à bien former. Nous ajouterons que tout le monde n'est pas de notre avis. Elle diffère de la pyramide en ce que les branches les plus étendues occupent la partie moyenne de l'arbre, et que les autres diminuent de longueur au fur et à mesure qu'elles se rapprochent du sommet ou du pied de l'arbre. On donne encore le nom de quenouille aux arbres défectueux des pépinières, nous ne savons pourquoi.

Le fuseau bien conformé se rencontre rarement ; pour notre compte, nous ne l'avons vu bien régulier qu'à Paris, au jardin du Luxembourg ; imaginez de hautes et assez fortes tiges avec de toutes petites branches sans développement, tourmentées, tordues, pincées, taillées à l'extrême. Quelques personnes donnent à tort le nom de fuseau à des pyramides défectueuses dont on taille les branches principales pour ne réserver avec soin que les rameaux secondaires. Cette taille est peut-être plus favorable à la fructification que la taille en pyramide régulière, mais elle jette de la confusion dans l'arbre et n'a rien d'agréable à l'œil.

Les vases ou gobelets sont trop connus pour qu'il soit nécessaire de les décrire. Ces formes conviennent principalement aux pommiers, aux poiriers et aux cerisiers. On peut faire des vases à basse tige, c'est-à-dire dont les rameaux partent d'un point très-rapproché du sol, et des vases à haute tige qui ne commencent ordinairement qu'à une hauteur de deux à trois mètres.

Passons maintenant à quelques-unes des diverses formes adaptées à l'espalier. Dans ces derniers temps, on a conseillé l'adoption du cordon oblique qui consiste en une simple tige et une seule branche disposée obliquement contre le mur. Avec cette forme on laisse fort peu de distance entre les pieds d'arbres, et il convient d'en avoir de grandes quantités pour garnir un mur. Le cordon oblique n'a qu'un mérite à nos yeux, celui de permettre la réunion de variétés nombreuses sur un espace étroit; en retour, il a le gros inconvénient de nous faire débourser des sommes considérables au profit des pépiniéristes. Cette forme peut convenir à des climats et à des terrains secs, mais nous doutons fort qu'elle soit appelée à quelques succès en Belgique.

Nous préférons de beaucoup au cordon oblique la forme en éventail, et, parmi les éventails, nous affectionnons tout particulièrement la palmette, parce qu'elle est très-gracieuse, très-facile à former, très-avantageuse en Belgique et qu'elle garnit l'espalier aussi bien que tout autre éventail. La palmette consiste en une tige verticale portant à droite et à gauche des branches d'une même longueur, plus ou moins horizontales ou obliques. Voilà la palmette à une tige. La palmette double se compose de deux tiges s'élevant parallèlement et portant des étages de branches, l'une à droite, l'autre à gauche. L'espace compris entre les deux tiges reste vide ou ne porte que quelques rameaux fructifères.

Dans le nord de la France et en Belgique, on remarque, aux façades et aux pignons des habitations, de beaux arbres, dont les branches latérales sont horizontales ou courbées avec régularité. Ce sont des palmettes simples.

Cette forme est avantageuse surtout avec les variétés vigoureuses et s'accommode très-bien de la greffe sur franc. Avec elle, il n'est pas nécessaire de fatiguer l'arbre à l'excès, car elle permet la taille longue. Les seules suppressions de quelque importance portent sur les rameaux qui poussent au-dessus des branches latérales et sur ceux qui poussent en avant de ces branches.

La treille en cordon, généralement adoptée à Thomery et aux environs de Paris, est celle qui convient le mieux à la vigne. Seulement, au lieu d'élever les cordons à une hauteur assez considérable, on fera bien de les tenir rapprochés du sol, et d'autant plus que le climat devient plus froid et plus humide. En Hollande, les cordons rasent pour ainsi dire la terre et ce sont eux qui donnent les meilleurs produits. Les Hollandais ont dû renoncer aux cordons élevés. En Belgique, on ferait bien de les imiter. Voici ce que l'on entend par treille en cordon : — Imaginez un cep qui s'élève verticalement jusqu'à une certaine hauteur, tantôt à quarante centimètres, tantôt à un mètre ou plus, puis qui prend tout à coup une direction parfaitement horizontale. Souvent un cep ne forme qu'un seul cordon; quelquefois on force une bourre à partir un peu au-dessous et à l'opposé du coude du premier cordon et l'on en forme un second dans l'autre sens. Avec les murs peu élevés, on se contente d'un seul étage; avec des murs élevés et sous les climats doux, on forme plusieurs étages de cordons, à cinquante ou soixante centimètres l'un l'autre, au moyen de plusieurs ceps de vignes, placés de distance en distance contre l'espalier. Des règles fixées au mur servent à maintenir la régularité de ces cordons.

Nous ne dirons rien de formes de pêchers plus ou moins jolies, plus ou moins capricieuses que l'on remarque chez les cultivateurs de Montreuil. Elles exigent beaucoup de soins et ne conviendraient pas toujours à ce climat. Nous leur préférons la palmette.

Ce travail étant plutôt un aide-mémoire qu'un traité complet, nous laissons à la pratique le soin d'appliquer sur le terrain les formes recommandées et d'indiquer les détails de taille propres à chacune de ces formes.

Douzième conférence.

SOINS D'ENTRETIEN, TELS QUE LABOURS, FUMURES, ARROSAGES, INCISIONS, PINCEMENTS, TAILLE D'ÉTÉ, EFFEUILLAGE, SOINS A DONNER AUX FRUITS ET CHASSE AUX ANIMAUX NUISIBLES.

Les labours sont aussi nécessaires aux arbres qu'aux plantes; seulement, ils exigent beaucoup d'attention, et il convient de ne pas offenser les racines. On labourera donc, au printemps et à l'automne, très-superficiellement, afin de détruire les mauvaises herbes qui forment gazon et de permettre à l'air de s'introduire aisément dans le sol. Les arbres comme les plantes ont nécessairement besoin de nourriture; il importe donc de les fumer régulièrement; seulement, on aura soin de leur donner des engrais très-décomposés et principalement un mélange de fumier de vache, de cendres de bois et de suie. Par cela même que les racines de nos arbres fruitiers atteignent souvent une grande profondeur, on devra appliquer la fumure au pied de ces arbres vers la fin de l'automne ou dans le courant de l'hiver, afin qu'elle arrive à temps aux extrémités des racines pour répondre aux besoins de la végétation du printemps. Pour les arbres à racines superficielles ou traçantes, comme les pommiers, l'engrais peut être appliqué dans le courant de février. En outre, il est bon d'étendre un paillis au pied de tous les arbres cultivés, c'est-à-dire une couche de litière secouée qui entretient la fraîcheur de la couche supérieure du sol et fournit ses sels à l'eau en temps de pluie. Les arbres ont besoin d'eau, puisque l'eau fait la séve et répare les pertes qui se produisent par évaporation. On arrosera donc à propos, c'est-à-dire toutes les fois qu'une sécheresse prolongée se fera au détriment de tous les organes de l'arbre et du développement des fruits surtout. Les arbres qui souffrent de la soif ne donnent pas de bois et donnent trop de fleurs qui nouent difficilement ou trop de fruits qui se détachent, à peine formés. Ce n'est pas tout, le manque d'eau amène le rétrécissement des canaux séveux et la rétraction des écorces, en sorte qu'à la suite de grandes chaleurs, si une forte pluie survient, la séve a beaucoup de peine à circuler et cherche des issues dans les bourgeons de l'année. Nous avons alors une production intempestive de faux rameaux sur les arbres vigoureux, et de fleurs tardives et inutiles sur les arbres de peu de vigueur. Nous arroserons donc le pied de nos arbres à l'époque des grandes chaleurs, et le matin plutôt que le soir en Belgique, toujours, bien entendu, avec de l'eau dont la température soit au même degré que celle de l'air. L'eau froide, toute fraîche tirée des puits, contrarierait la circulation de la séve. Nous pourrons en outre, vers la fin de la journée, arroser les tiges, les branches et les feuilles avec la pompe à main, afin d'empêcher le raccourcissement des tissus et de rendre aux arbres une partie de l'eau que le soleil et l'air leur ont enlevée. Ici, vient se placer tout naturellement une observation essentielle. L'arrosage appelle la fumure. Arroser et ne pas donner d'engrais, c'est user le terrain. En conséquence, plus vous arroserez, plus vous fumerez.

L'incision annulaire est une opération que nous signalons plutôt que nous ne la recommandons. Elle a pour but d'assurer la fructification et de hâter la maturité. Ainsi, toutes les fois que l'on enlève un petit anneau d'écorce à une branche chargée de fruits, le bois qui se trouve au-dessus de la partie incisée s'aoûte assez vite et les fruits mûrissent plutôt qu'à l'ordinaire. Nous connaissons des vignerons qui incisent les sarments de leurs vignes très-légèrement, qui ne font que couper l'écorce avec la serpette, uniquement pour que les rameaux s'aoûtent. Cette opération paraît être utile sous les climats qui se rapprochent du nord. Nous connaissons encore des vignerons qui pratiquent l'incision annulaire sur les ceps au moment de la floraison de la vigne, afin de prévenir la coulure; nous en connaissons enfin qui la pratiquent sur quelques sarments chargés de grappes, afin de les faire mûrir une quinzaine de jours plus tôt que l'époque ordinaire. On a vu, dans les expositions de pomologie, de belles branches chargées de fruits dont les uns étaient mûrs et les autres verts. Ce résultat était dû à l'incision annulaire. Les fruits placés au-dessous de l'anneau de l'écorce enlevé devaient mûrir plus tardivement que ceux placés au-dessus.

Le pincement ou écimage, dont nous avons parlé précédemment, rentre dans les opérations d'entretien. De temps en temps, nous rognerons donc avec les ongles, autrement dit nous pincerons quelques rameaux inutiles, dès qu'ils auront de sept à huit centimètres. Si nous les pincions à l'état herbacé, ils périraient complétement, tandis qu'en les pinçant un peu plus tard, alors que la base est déjà ligneuse, cette partie résiste et nous donne une branche fruitière. Le pincement exige beaucoup de prudence. Nous ne pincerons qu'un petit nombre de rameaux à la fois, et de loin en loin. Moins la végétation est active dans l'ensemble de l'arbre, plus il faut être sobre dans le pincement. Si nous le pratiquions dans un seul jour sur l'ensemble d'un arbre, nous déterminerions brusquement des souffrances très-vives; c'est pour éviter ces souffrances qui nuiraient au développement et à la qualité des fruits, que nous conseillons le pincement graduel.

La taille d'été consiste dans la suppression de rameaux déjà très-développés et à l'état ligneux. Quand ces rameaux sont très-nombreux et jettent de la confusion dans un arbre, on les supprime, non pas tous à la fois, mais en partie seulement, graduellement, de façon à ne pas ébranler la santé de l'arbre. Pour faire cette taille d'été sur les arbres à fruits à pépins, il importe que la circulation de la séve soit déjà très-ralentie. Dans le cas contraire, on provoquerait l'émission de faux rameaux qui dérangeraient singulièrement notre charpente. La taille d'été est une sorte d'anticipation sur la taille en sec ou du mois de février. On taille le pêcher en vert aussitôt après que les fruits ont noué. Tout rameau qui n'en porte pas devient nécessairement inutile, puisque la seconde année il n'en portera pas davantage. On taille donc ces rameaux sans fruits au-dessus du deuxième bourgeon, et la séve fait partir de suite ces deux bourgeons qui, dans l'ordre naturel des choses, n'auraient dû se développer que l'année suivante. A la place des rameaux principaux, nous avons donc des rameaux anticipés ou faux rameaux, qui, l'année d'après, se mettront à fruits. Il est évident que cette culture contre nature est nuisible à la santé des pêchers, mais comme elle est très-avantageuse au point de vue du produit, nous la recommandons.

Souvent, vers le mois de juillet, alors que la séve ralentit sa marche, on opère sur les arbres à fruits à pépins le cassement de quelques rameaux. Ce cassement, applicable à des arbres peu productifs et trop vigoureux, occasionne un malaise d'autant plus prolongé que les tissus cassés et déchirés ne guérissent point comme les plaies unies. On obtient ainsi une mise à fruit plus avantageuse.

L'effeuillage d'un arbre a pour objet et pour but de donner de l'air et de la lumière aux fruits qui approchent de la maturité. Ces fruits y gagnent en coloration et en saveur. Cette opération demande à être exécutée avec prudence; il ne faut pas découvrir les fruits brusquement, en une seule fois; il ne faut pas non plus enlever la feuille entière, parce que le bourgeon qui se trouve à la base du pétiole en souffrirait trop. On doit procéder lentement, déchirer les feuilles à diverses reprises et mettre huit ou dix jours pour découvrir complétement. Cette recommandation s'applique aux vignes de treille comme aux autres arbres.

Les fruits demandent des soins particuliers pendant

le cours de leur développement. Aussitôt noués, on fera bien de les éclaircir et de n'en laisser qu'un nombre raisonnable. Sur le pêcher et l'abricotier, on éclaircit un peu plus tard, et peut-être a-t-on tort. Sur les arbres jeunes, on ne laissera pas une portée de fruits considérable qui les fatiguerait outre mesure et n'aurait point de qualité; on aura soin aussi de dégarnir les parties faibles des arbres, afin de favoriser la production du bois. Les grappes de raisin de treille gagnent aussi beaucoup à être éclaircies, car les grains serrés se développent mal, mûrissent mal et sont sujets à la pourriture. Vous éclaircirez donc les grappes, aussitôt que les grains auront le volume d'un petit pois, et vous ferez cette opération avec des ciseaux à branches fines et pointues. Lorsqu'un arbre vous paraîtra trop chargé de produits, vous le soulagerez en supprimant les fruits qui se rapprochent de la base surtout et ceux du dessous des branches plutôt que ceux du dessus, car ces derniers, par leur position même, ont plus de facilité que les autres pour prendre la séve, se bien nourrir et bien grossir. Tout à l'heure, nous avons parlé de l'effeuillage; il n'est pas nécessaire d'y revenir; nous nous bornerons donc à dire qu'on ne se contente pas toujours de cette opération pour favoriser la coloration des fruits. Beaucoup de cultivateurs les arrosent en plein soleil avec de l'eau convenablement dégourdie, et à l'aide de la pompe à main.

Lorsque nous avons affaire à un petit nombre d'arbres taillés, nous devrions procéder à leur égard comme à l'égard de nos porte-graines de plantes potagères, les arroser avec du purin affaibli au moment de la floraison et continuer deux fois par semaine durant les longues sécheresses.

Nous n'en avons pas encore fini avec les soins à donner aux arbres; nous ne devons pas oublier que la culture plus ou moins forcée à laquelle nous les assujettissons, occasionne des maladies et nécessite toutes sortes de petites attentions. Tantôt nos arbres se trouvent en terrain trop appauvri, trop exposé à la chaleur directe du soleil, et alors nous voyons les feuilles pâlir et jaunir; on dit qu'ils sont atteints de la chlorose ou jaunisse; dans ce cas, il est nécessaire de leur rendre de la terre neuve et de bonne qualité, ou bien de les arroser avec du purin et un peu de couperose verte ou sulfate de fer. Tantôt les feuilles de nos arbres se délustrent, retombent et se détachent sans se décolorer; on dit que l'arbre est hydropique. C'est enfin à l'excès d'eau que l'on attribue cette maladie; et par conséquent il est bon de drainer le voisinage des arbres en question. D'autrefois, surtout en se rapprochant du nord et des contrées humides, nos arbres deviennent chancreux, et cette maladie, si commune sur les pommiers, se déclare principalement sur les sujets que l'on ébranche ou que l'on taille sans précaution. Nous considérons le chancre comme étant le résultat de la séve qui n'a plus d'issues, qui fermente sous l'écorce de l'arbre et détermine la pourriture. Dès qu'il s'annonce, il faut non-seulement l'attaquer, le nettoyer avec la serpette jusqu'au vif, mais il faut encore inciser l'écorce dans le voisinage et diriger les incisions vers des rameaux vigoureux. On ouvre ainsi des rigoles à la séve qui manquait d'issue. Vous remarquerez que les chancres se déclarent ordinairement dans le voisinage d'une amputation ou d'une partie coudée. Aussi, lorsque vous aurez à tailler ou à ébrancher des arbres vigoureux, arrangez-vous de façon à ménager quelques bonnes branches ou quelques bons rameaux à proximité des plaies, afin que la séve, destinée aux parties que vous aurez supprimées, trouve des passages suffisants. Nous avons encore à nous plaindre fort souvent de la gomme et de diverses moisissures, tantôt rouges, tantôt farineuses, sur les arbres à fruits à noyaux. Pour la gomme, nous devrons l'enlever dès qu'elle se produira, inciser longitudinalement l'écorce des branches attaquées, mouiller ces branches avec une éponge et arroser l'arbre au pied afin de rendre de la fluidité à la séve. Pour les moisissures qui se déclarent surtout sur le pêcher et qui proviennent vraisemblablement de la désorganisation des tissus, à la suite des mauvais traitements que nous imposons à ces arbres, nous pensons que l'emploi de l'eau légèrement vinaigrée doit être d'un bon effet. Quelques-uns de nos meilleurs jardiniers s'en servent.

Nous avons enfin à protéger nos arbres contre les insectes et les animaux nuisibles. Ces insectes et ces animaux sont : les chenilles, les fourmis, les guêpes, le puceron lanigère, diverses larves, les taupes, les campagnols, les rats, les loirs, les lapins et les lièvres.

Pour les chenilles, il est d'usage d'entourer le pied de l'arbre avec de la paille ou du crin, afin de les empêcher de monter. Les aspérités qu'elles rencontrent les rebutent. D'autres fois, lorsqu'il s'agit de chenilles vivant en société, on saisit le moment où elles se trouvent sur un même point et l'on s'en débarrasse en les écrasant. Nous ne conseillons pas l'emploi des matières soufrées qui sont nuisibles à la végétation. Le moyen le plus énergique, c'est la suppression des nids, à la sortie de l'hiver et l'incinération de ces nids. A cet effet, on emploie l'échenilloir, sorte de sécateur que l'on manœuvre au moyen d'une ficelle.

Nous avons dit, en traitant de la culture potagère, les moyens à employer pour déloger les fourmis ; il n'y a donc pas lieu d'en parler de nouveau. Les fioles d'eau miellée, suspendues de loin en loin aux branches ou aux treillages des arbres attaqués, nous rendent d'importants services. Le même procédé nous délivre aussi d'une certaine quantité de guêpes.

Le puceron lanigère, qui nous a été apporté d'Amérique il y a environ un demi-siècle, fait de grands dégâts sur les pommiers. Nous ne connaissons pas encore de moyens assez énergiques pour nous en défaire. Peut-être ferait-on bien de prendre une décoction de tourteaux de graines oléagineuses, d'y tremper une brosse et de frotter les parties attaquées. Nous ferons observer que les pucerons lanigères se réfugient d'habitude dans la fente des sujets sur lesquels on a greffé. En conséquence, on enlèvera aussitôt que possible l'onguent de Saint-Fiacre qui enveloppe les greffes et l'on nettoyera rigoureusement les places qui seraient envahies par l'insecte.

Toutes les fois qu'en inspectant vos arbres, vous découvrirez des feuilles roulées sur elles-mêmes, vous les détacherez avec les ongles et ménagerez le pétiole. Tantôt la partie roulée renferme un petit ver ou larve; tantôt elle sert de nid où des insectes ont déposé de tout petits œufs transparents. Ces insectes nous paraissent être des charançons. Il va sans dire que les feuilles enlevées doivent être détruites.

Les taupes nuisent aux arbres par les galeries qu'elles ouvrent de temps en temps parmi les racines. On connaît les moyens de les détruire; nous ne les rappellons pas.

Les campagnols, les rats et les loirs attaquent les fruits mûrs. Nous ne pouvons employer contre eux que les piéges ordinaires, tels que les vases à moitié remplis d'eau et enterrés jusqu'aux bords, les piéges à ressorts et les pâtes empoisonnées.

Les lapins et les lièvres font des ravages considérables pendant les hivers rudes. Ils s'attaquent aux pommiers d'abord, puis aux poiriers, à défaut de mieux, en rongent l'écorce et les jeunes rameaux de telle sorte qu'on doit souvent ou les arracher ou les récéper. Nous n'avons que le fusil et les lacets pour les combattre énergiquement. Mais ces moyens ne nous sauvent pas toujours de la voracité de ces animaux. On a recommandé, soit d'entourer les arbres avec des épines, soit de les enduire d'une composition chargée d'aloès. Avec de la bouse de vache délayée dans l'eau jusqu'à consistance de bouillie assez claire et fortement aloétisée, on peut enduire les tiges des arbres jusqu'à la hauteur d'un mètre environ et rebuter ainsi ces rongeurs.

Treizième conférence.

RÉCOLTE, CONSERVATION ET EMPLOI DES FRUITS.

La récolte des fruits ne relève d'aucune indication précise. Ils mûrissent plutôt dans les années chaudes que dans les années froides, plutôt à l'exposition du midi qu'à l'exposition du nord, plutôt dans les terrains secs que dans les terrains frais, plutôt dans les pays plats que dans les pays de montagnes. Pour les pêchers et les arbres fruitiers d'été, tels que abricots, cerises, prunes, poires précoces, etc., on reconnaît la maturité des fruits à la couleur et au toucher, car la couleur ne suffit pas toujours, il s'agit encore de savoir si la chair cède sous le pouce. Mais pour les fruits d'automne et d'hiver, c'est une autre affaire, et ce que nous pouvons dire de mieux à ce propos, c'est que l'on récolte ordinairement les premiers en septembre et les seconds en octobre et novembre. Dans ce cas, il peut se faire que l'époque de la cueillette soit très-éloignée de la maturité, mais nous n'avons pas à nous inquiéter de ce détail. Pourvu que le fruit ait atteint son développement complet, la récolte n'offre pas d'inconvénients sérieux. Plus on avance l'époque de la cueillette, plus la maturité devient tardive au fruitier; plus on la retarde, plus les fruits cueillis mûrissent vite. Donc, il y a un certain avantage à faire sa récolte à diverses reprises, afin d'échelonner les époques de maturité.

Vous ferez la cueillette par un temps bien sec, après l'évaporation complète de la rosée. Vous saisirez les fruits un à un et les détacherez autant que possible en conservant la queue ou pédoncule, et vous placerez ces fruits dans de larges mannes, très-peu élevées, afin que ceux du dessous n'aient pas à souffrir de la charge des autres. Vous mettrez à part les exemplaires véreux ou meurtris. La récolte faite, vous étendrez les fruits en question sur le parquet ou le carreau d'une pièce sèche et parfaitement aérée. Vous pourrez même laisser les fenêtres ouvertes jour et nuit. Les fruits perdront une partie de leur eau de végétation, jetteront leur sueur, comme l'on dit, et, au bout de huit jours au moins, ou d'une quinzaine de jours au plus, vous pourrez les placer au fruitier.

Les fruitiers bien conditionnés sont rares, et n'en a pas qui veut, attendu qu'ils coûtent cher. Notre fruitier, à nous, c'est l'armoire ou la cave, l'armoire pour les fruits dont nous voulons avancer la maturité, la cave pour ceux dont nous voulons la retarder. Dans nos campagnes, il est d'usage fort souvent de placer les fruits au grenier et en tas, sans même leur donner le temps de suer et de se ressuyer. L'usage est mauvais, car les fruits en tas sont exposés à la pourriture et ne sont pas à l'abri de la gelée qui peut les atteindre au grenier plutôt qu'à la cave.

Une température de six à dix degrés centigrades est celle qui convient le mieux aux fruits. Or, la cave nous offre cette température. Les brusques changements d'air sont nuisibles à leur conservation; or, la cave nous permet d'éviter ces brusques changements d'air.

Il suffit de placer des tablettes en bois de chêne et de disposer sur ces tablettes les fruits à conserver. On les visite de loin en loin et l'on sépare ceux qui se gâtent de ceux qui sont sains. Quand on est las d'attendre la maturité, on monte un certain nombre de fruits dans une des pièces chaudes de la maison, afin de la hâter.

Les nèfles et l'épine-vinette ne se récoltent habituellement qu'après la première gelée. On étend les nèfles au grenier sur de la paille et l'on attend qu'elles blétissent pour les consommer. On procède de même avec les fruits du sorbier domestique. Quant aux épine-vinettes, on les utilise de suite pour la préparation de confitures recherchées.

L'emballage et le transport des fruits ne présentent pas

de grandes difficultés. Veut-on expédier des pêches, des abricots au loin, on les cueille deux ou trois jours avant leur complète maturité, alors qu'ils sont encore fermes et on les emballe dans des boîtes très-larges et sans élévation. On place ces fruits délicats sur des rognures de papier, l'on bourre les intervalles avec ces mêmes rognures et l'on recouvre de regain bien sec et bien fin. L'important, c'est qu'il n'y ait qu'un lit de fruits, que ces fruits ne se touchent pas et qu'ils soient comprimés par le regain et le couvercle au point de ne point remuer pendant le transport. Pour les groseilles et les cerises, on sépare les différents lits avec des feuilles vertes ou de la fougère. On emballe les prunes avec des orties qui, dit-on, ménagent la fleur.

Un mot, en terminant, sur les principaux usages. Nous savons le parti que l'on tire des poires : on les mange, soit crues, soit cuites ou séchées au four. On s'en sert aussi pour préparer un sirop désigné sous le nom de poiré. En Bourgogne, elles entrent dans la composition de la confiture appelée raisiné.

On fait, avec les pommes, quand on ne les consomme pas crues ou cuites, une marmelade très-estimée, une gelée qui ne l'est pas moins. Nous n'avons pas à parler ici de ces diverses préparations, dont il est très-facile, d'ailleurs, de se procurer les recettes.

Les coings entrent avec les poires dans la préparation du raisiné. On s'en sert aussi pour faire une gelée délicieuse, ainsi qu'une liqueur de ménage, appelée eau de coings ou ratafia de coings. La pâte nommée cotignac est préparée avec de la pulpe de coings et du sucre.

Arrivons aux fruits à noyaux : — Les abricots servent à faire des marmelades, des pâtes estimées et des conserves à l'eau-de-vie. Avec les pêches, on fait également des marmelades et des conserves à l'eau-de-vie. Avec les prunes, on prépare des pruneaux, des confitures, des conserves et de l'eau-de-vie. Avec les cerises, on fait les cerises sèches, des compotes, de confitures, des cerises à l'eau-de-vie et du ratafia.

Avec les groseilles à grappes, on prépare une excellente gelée que tout le monde connaît ; avec les groseilles à maquereaux, on fait des tartes très-estimées en Belgique et en Angleterre ; avec la groseille noire ou cassis, on prépare une liqueur bien connue, dont la consommation tend à se développer.

Avec l'épine-vinette, nous l'avons déjà dit, on fait une bonne confiture.

Avec la framboise, on prépare une bonne gelée et un excellent sirop. Avec les noix, enfin, on fait une huile à manger, assez recherchée dans quelques localités, et une liqueur de ménage connue sous le nom de brou de noix.

FIN.

TABLE DES MATIÈRES.

CHOIX DES VARIÉTÉS DE FRUITS A CULTIVER.

° 1.

POIRES.

S VARIÉTÉS.	VOLUME DU FRUIT.	ÉPOQUE DE LA MATURITÉ.	CARACTÈRES DU FRUIT.	VIGUEUR DE L'ARBRE.	EXPOSITION.	FORME.	SUJETS POUR LA GREFFE.
e Lambré.	Petit ou moyen.	De novembre à janvier.	Chair blanche, fine, fondante, demi-beurrée.	Très-vigoureux et très-fertile, bon pour les vergers.	. . . .	Haut vent.	Franc.
e Douillard.	Gros.	Novembre et décembre.	Chair blanche, fine, fondante, eau délicieuse.	Très-vigoureux.	. . . .	Haut vent, éventail et pyramide surtout.	Franc et cognassier.
e Courtray.	Gros.	Août et septembre.	Chair blanche, fine, fondante, beurrée.	Assez vigoureux et très-fertile.	. . . .	Pyramide, éventail et haut vent.	Franc et cognassier.
musqué.	Gros.	Fin septembre.	Chair blanche, demi-fine, fondante, beurrée.	Assez vigoureux.	. . . .	Pyramide.	Franc et cognassier.
e Royer.	Plus que moyen.	Première quinzaine de novembre.	Chair blanc jaunâtre, fine et fondante, peau roux fauve.	Très-vigoureux et fertile, bon pour les vergers.	. . . .	Pyramide et haut vent.	Franc et cognassier.
sent d'été.	Moyen très-allongé.	Août.	Excellente, mais un peu pierreuse.	Très-vigoureux.	. . . .	Haut vent.	Franc et cognassier.
e Crassanne.	Assez gros arrondi.	Novembre et décembre.	Chair fondante, beurrée, eau très-abondante.	Très-vigoureux.	Terrains substantiels et situation chaude.	Éventail.	Cognassier.
le la Pentecôte.	Gros et même très-gros.	De décembre en mai.	Chair blanche, demi-fine, fondante, beurrée, eau peu abondante.	Vigueur moyenne.	. . . .	Pyramide et surtout éventail en espalier.	Franc ou cognassier.
te Dussart.	Moyen.	Janvier et février.	Chair blanche, fine et fondante.	Très-vigoureux et très-fertile.	. . . .	Pyramide et haut vent.	Cognassier et franc.
te Esperen.	Moyen.	Mars et avril.	Chair d'un blanc rosé, fine et fondante.	Vigoureux et fertile.	. . . .	Pyramide.	. . . .
Bennert.	Petit.	Janvier et février.	Chair blanc rosé, fine, fondante, beurrée.	Très-vigoureux.	. . . .	Pyramide et haut vent.	Franc et cognassier.
Borckmans.	Moyen.	Novembre et décembre.	De toute première qualité.	Très-vigoureux et très-fertile, convient aux vergers.	. . . .	Pyramide, quenouille et haut vent.	Franc et cognassier.
é Bosc.	Très-gros.	Octobre et novembre.	Chair blanche demi-fine, demi-fondante, d'une saveur très-agréable.	Vigoureux.	Levant, couchant et situation abritée.	Éventail et haut vent.	Franc et cognassier.
Clairgeau.	Très-gros.	Novembre à décembre.	Chair blanche, fine, fondante, exquise.	Assez vigoureux.	Levant et couchant pour l'espalier.	Pyramide et éventail.	Franc.
Colmar.	Moyen.	Octobre.	Chair d'un blanc verdâtre, fine, fondante, beurrée.	Assez vigoureux.	. . . .	Pyramide.	. . . .
d'Amanlis.	Gros.	Fin septembre.	Chair blanc verdâtre, demi-fine, fondante.	Vigoureux même sur cognassier.	Sol léger et chaud.	Pyramide.	Cognassier; long à se mettre à fruit sur franc.
Delannoy.	Gros ou très-gros.	Fin d'octobre.	Chair blanc jaunâtre, demi-fine, très-fondante, eau très-abondante, exquise.	Très-vigoureux et assez fertile.	. . . .	Éventail et haut vent.	. . . .
de Mérode.	Gros ou très-gros.	Septembre à octobre.	Chair blanche, demi-fine et fondante.	Très-vigoureux et très-fertile, bon pour les vergers.	. . . .	Haut vent sur franc et pyramide sur cognassier.	Franc et cognassier.
le Nantes.	Gros, allongé.	Fin septembre.	De toute première qualité.	Vigoureux et fertile.	. . . .	Pyramide, éventail et haut vent.	Franc et cognassier.
le Nivelles.	Moyen ou assez gros.	De novembre en avril.	Chair assez fine, fondante et eau abondante.	Vigueur ordinaire, très-fertile.	. . . .	Haut vent et pyramide.	Franc et cognassier.
le Quenast.	Gros.	Commencement d'octobre.	Chair blanche, fine, fondante.	Vigoureux et fertile.	. . . .	Pyramide, éventail et haut vent.	Franc et cognassier.

POIRES.

VARIÉTÉS.	VOLUME DU FRUIT.	ÉPOQUE DE LA MATURITÉ.	CARACTÈRES DU FRUIT.	VIGUEUR DE L'ARBRE.	EXPOSITION.	FORME.	SUJETS POUR LA GREFFE.
Wetteren,	Moyen.	Novembre.	Chair fine, ayant du rapport avec les Rousselets et les Bergamottes.	Très-vigoureux.	Sol léger.	Pyramide et haut vent.	Franc et cognassier.
ardenpont.	Gros ou très-gros.	Décembre.	Chair blanche, très-fine, fondante, beurrée.	Vigoureux et fertile.	. . . .	Haut vent, pyramide et éventail.	Franc et cognassier.
é Diel.	Très-gros.	Novembre et décembre.	Chair blanche, un peu granuleuse dans les plus gros fruits, fine, fondante, beurrée.	Vigoureux.	Levant, midi, couchant.	Pyramide et éventail.	Franc et cognassier.
Dumont.	Gros.	Fin octobre.	Chair blanche, fine, fondante.	Assez vigoureux et fertile.	. . . .	. . . .	. . . .
Duval.	Gros.	Mi-novembre.	Chair très-fine, ayant beaucoup d'analogie avec le Passe-Colmar.	Vigoureux et très-fertile.	Levant et midi en espalier.	Pyramide et éventail.	Franc et cognassier.
é Gens.	Gros.	Octobre.	Chair blanche, fine, fondante et beurrée.	Vigoureux et fertile.	Levant et couchant en espalier.	Pyramide et éventail, haut vent en situation abritée.	Franc et cognassier.
Giffard.	Moyen.	Fin juillet.	Chair blanche, fine et fondante.	Vigoureux et long à se mettre à fruit.	. . . .	Haut vent.	Franc et cognassier.
é Gris.	Moyen.	Fin de septembre.	Chair fine, fondante, jamais pâteuse.	Peu vigoureux.	Terrain sec et exposition chaude.	Éventail.	Franc et cognassier.
Kennes.	Moyen.	Octobre.	Chair fine, fondante, demi-beurrée.	Vigoureux et très-fertile, bon pour les vergers.	. . . .	Haut vent et pyramide.	Franc et cognassier.
ré Six.	Gros.	De novembre à la fin de décembre.	Chair blanche, très-fine, fondante, beurrée.	Assez vigoureux et fertile.	Situation chaude.	Pyramide.	Franc et cognassier.
erckmans.	Gros.	Janvier et février.	Chair blanche, fine, très-fondante, demi-beurrée, eau abondante, sucrée, vineuse.	Vigoureux et fertile.	Levant et midi.	Pyramide et haut vent.	Franc et cognassier.
Saint-Amand.	Presque moyen.	Mi-octobre.	Chair d'un blanc jaunâtre, très-fine, fondante, demi-beurrée.	Très-vigoureux et très-fertile.	. . . .	Haut vent.	. . . .
Saint-Waast.	Assez gros.	De décembre en février.	Chair délicieuse et d'un parfum particulier.	Vigueur moyenne, assez fertile.	Levant et couchant en espalier.	Pyramide et éventail.	Cognassier et mieux sur franc.
Espereu.	Assez gros.	Novembre et de bonne garde.	Chair blanche, assez fine et fondante.	Vigueur moyenne et très-fertile.	. . . .	. . . .	. . . .
ssol d'été.	Moyen.	Mi-septembre.	Chair blanc jaunâtre, fine, demi-fondante.	Assez vigoureux.	. . . .	Haut vent.	Franc.
ien de Rance.	Gros ou très-gros.	Décembre.	De qualité supérieure dans un sol chaud et léger.	Vigoureux et lent à fructifier, puis très-fertile.	Espalier au midi et au levant.	Éventail, puis pyramide et haut vent en situation abritée.	Cognassier mais principalement franc.
tien d'hiver.	Très-gros.	Janvier et février.	Chair fine et tendre quoique cassante.	Peu vigoureux.	Chaude, sol léger et calcaire.	Pyramide.	Franc et cognassier.
ien Napoléon.	Moyen ou gros.	Fin d'octobre.	Chair fine, fondante.	Assez vigoureux sur franc.	Levant, couchant et même nord en espalier ; terrain sec.	Pyramide et éventail.	Franc et cognassier.
ien Williams.	Gros ou très-gros.	Septembre.	Excellente.	Assez vigoureux et très-fertile.	Midi et levant.	Pyramide.	Franc plutôt que cognassier.
Chapelle (Jalais).	Assez gros.	Commencement d'octobre.	Chair blanc jaunâtre, demi-fine, fondante.	. . . .	Exposition chaude, pour vase et pyramide ; en espalier au levant.	Vase, pyramide, éventail.	Cognassier.
se d'Ézée.	Moyen ou gros.	Septembre à octobre.	Chair blanche, très-fine et très-fondante.	Vigoureux et fertile.	Levant et couchant en espalier.	Pyramide et éventail.	Franc ; réussit mal sur cognassier.
se d'Avranches.	Assez gros et allongé.	Commencement d'octobre.	Chair fondante, demi-beurrée.	Assez vigoureux et très-fertile.	. . . .	Pyramide.	Franc ou cognassier.
asse d'été.	Moyen et allongé.	Commencement d'octobre.	Chair blanche, très-fine et fondante.	Très-vigoureux et très-fertile.	Situation chaude et abritée.	Pyramide et haut vent.	Franc et cognassier.
rincesse Marianne	Gros et pyramidal.	Fin septembre.	Chair blanche, assez fine et fondante.	Vigoureux et très-fertile.	. . . .	Haut vent et pyramide.	Franc et cognassier.
se Tougard.	Gros ou très-gros.	Fin octobre et novemb.	De toute première qualité.	Vigoureux et fertile.	. . . .	Pyramide et haut vent.	Cognassier et franc.

POIRES.

…RIÉTÉS.	VOLUME DU FRUIT.	ÉPOQUE DE LA MATURITÉ.	CARACTÈRES DU FRUIT.	VIGUEUR DE L'ARBRE.	EXPOSITION.	FORME.	SUJETS POUR LA GREFFE.
…dérix.	Petit ou moyen.	Premiers jours d'octobre.	Chair blanche, fine, fondante.	Vigoureux et fertile.	. . . .	Pyramide et haut vent.	Franc et cognassier.
…Brouwer.	Moyen.	Octobre et novembre.	Chair blanche, fine, fondante.	Assez vigoureux, bon pour les vergers.	. . . .	Pyramide et haut vent.	Franc et cognassier.
…emberg.	Gros ou très-gros.	Novembre et décembre.	Chair fine, fondante et délicate.	Vigoureux sur franc, mais peu sur cognassier. Très-fertile.	Levant et couchant.	Pyramide, espalier et haut vent sur franc.	Franc et cognassier.
…ahant.	Moyen ou assez gros.	Février et mars.	Chair demi-fine, demi-fondante, fortement aromatisée.	Vigoureux et assez fertile.	. . . .	Pyramide et haut vent.	Franc et cognassier.
…eester.	Moyen ou gros.	Novembre.	De première qualité.	Vigoureux et très-fertile.	. . . .	Pyramide.	Franc ou cognassier.
…ulon (1).	Très-gros allongé.	Novembre et décembre.	Chair blanche, fine, fondante.	Vigoureux.	. . . .	Pyramide, éventail et haut vent.	Franc et cognassier.
…Delmotte.	Gros ou très-gros.	Janvier.	Chair demi-fine, demi-fondante et rappelant le Bézy de Chaumontel.	Vigoureux et fertile.	. . . .	Pyramide.	Franc et cognassier.
…landre.	Gros ou très-gros.	Mi-décembre et Janvier.	Chair blanche, très-fine, fondante.	Vigueur moyenne, fertile.	Levant et couchant.	Pyramide sur franc ou sur cognassier dans un excellent sol.	. . . .
…Chambord.	Moyen.	Novembre.	De toute première qualité.	Très-vigoureux.	. . . .	Pyramide et haut vent.	Franc et cognassier.
…e la Cour.	Très-gros.	Fin octobre à fin novembre.	Chair blanche, fine, demi-fondante, demi-beurrée.	Très-vigoureux et très-fertile, convient aux vergers.	. . . .	Pyramide, haut vent.	Franc et cognassier.
…ovenjoul.	Gros ou très-gros.	Fin octobre et novemb.	De toute première qualité.	Moyenne, très-fertile.	Levant et couchant.	Pyramide et éventail.	Franc et cognassier.
…rdenpont.	Assez gros.	Octobre et novembre.	Chair beurrée, blanche, fondante, très-sucrée.	Vigoureux sur franc.	. . . .	Pyramide, mais surtout espalier.	Franc et cognassier.
…ornélis.	Gros.	Août et septembre.	Chair blanche, très-fine, fondante.	Vigoureux et fertile, bon pour les vergers.	. . . .	Haut vent.	Franc.
…Anthoine.	Presque moyen.	De novembre à janvier.	De toute première qualité.	Vigueur moyenne et très-fertile.	Espalier au levant et au couchant.	Pyramide et éventail.	Franc.
…ler.	Moyen.	Première quinzaine de novembre.	Chair fine, blanc jaunâtre, fondante, beurrée.	Vigueur moyenne, très-fertile.	. . . .	Pyramide.	Franc ou cognassier.
…Capron.	Assez gros et ovoïde.	Fin d'octobre.	Chair blanc jaunâtre, très-fine, fondante et beurrée, goût d'amande et de vanille.	Vigoureux et fertile.	Situation chaude et abritée, ou en espalier au levant.	Pyramide et éventail.	Franc et cognassier.
…Lentier.	Moyen.	D'octobre à novembre.	Chair fine, fondante et d'un parfum délicieux.	Vigoureux et fertile.	. . . .	Pyramide.	Franc et cognassier.
…rousseau.	Gros.	Novembre et décembre.	Chair très-fine, blanche, fondante et beurrée.	Très-vigoureux, bon pour les vergers.	. . . .	Pyramide et haut vent.	Franc et cognassier.
…ousselet.	Plus que moyen.	Fin septembre.	Bon fruit qui ne blettit pas.	Très-vigoureux et très-fertile, convient pour les vergers.	. . . .	Haut vent.	Franc.
… (Van Mons).	Belle poire.	Novembre à décembre.	Chair d'un blanc un peu rosé, fine, demi-fondante, beurrée.	Vigoureux et fertile.	Exposition chaude et abritée pour haut vent.	Pyramide et éventail au levant et au couchant.	Franc et cognassier.
…é Crotté.	Moyen.	Du 13 octobre au 15 novembre.	Chair blanche, très-fine, fondante et beurrée.	Assez vigoureux sur franc.	Situation chaude.	Pyramide et quenouille.	Franc.
… de Juillet.	Petit.	Fin juillet.	Chair blanc jaunâtre, un peu grenue, demi-fondante, sucrée et musquée.	Très-vigoureux sur franc, beaucoup moins sur cognassier.	. . . .	Pyramide sur cognassier, haut vent sur franc.	. . . .
…é Roux.	Moyen.	Fin octobre.	Chair douce, sucrée, beurrée, fondante.	Moyenne vigueur.	Exposition chaude.	Pyramide.	Franc et cognassier.
…Orléans.	Moyen ou gros.	Novembre à décembre.	Qualité exquise.	Très-vigoureux et très-fertile, bon pour les vergers.	. . . .	Pyramide et haut vent.	Franc et cognassier.
…'Angoulême.	Gros ou très-gros.	Octobre et novembre.	Chair demi-fine, fondante, eau abondante.	Vigoureux et très-fertile.	Levant et couchant, terre légère.	Pyramide surtout et éventail.	Franc et cognassier.

(1) …nous affirme de plusieurs côtés que le Comice de Toulon est tout simplement la *poire de curé*.

.LEAU N° 4.

POIRES.

MS DES VARIÉTÉS.	VOLUME DU FRUIT.	ÉPOQUE DE LA MATURITÉ.	CARACTÈRES DU FRUIT.	VIGUEUR DE L'ARBRE.	EXPOSITION.	FORME.	SUJETS POUR LA GREFFE.
uchesse de Brabant.	Assez gros.	Fin octobre.	Chair blanc jaunâtre, fine et fondante.	Très-vigoureux.	. . . .	Pyramide.	Franc.
ile d'Heyst (Espéren).	D'un beau volume.	Commence en novemb.	Chair d'un blanc tirant sur le vert, fine, fondante, beurrée, eau vineuse.	. . . .	. . . .	Pyramide.	Cognassier.
Émilie Bivort.	Moyen.	Novembre.	De première qualité.	Vigoureux et fertile.	. . . .	Pyramide.	Franc et cognassier.
Fondante de Cuerne.	Gros.	Septembre.	Chair blanche, fine, fondante, beurrée.	Vigoureux et fertile.	. . . .	Haut vent, pyramide et éventail.	Franc et cognassier.
Fondante de Malines.	Gros.	Octobre et novembre.	Chair fine, fondante et eau abondante.	Vigoureux et d'une fertilité moyenne.	. . . .	Haut vent et éventail.	Franc ou cognassier.
Fondante des Bois.	Gros ou très-gros.	Octobre.	Chair blanc jaunâtre, fine, fondante et beurrée.	Vigoureux et fertile.	Situation abritée pour le haut vent.	Haut vent et pyramide.	Cognassier et franc.
Fondante du Comice.	Gros.	Octobre et novembre.	Chair demi-fine, très-fondante.	Vigoureux et fertile.	Situation chaude.	Pyramide et haut vent.	Cognassier et mieux sur franc.
Général Dutilleul.	Moyen.	Novembre et de bonne garde.	Chair blanche, fine, fondante, très-parfumée.	Vigoureux et très-fertile, bon pour les vergers.	. . . .	Pyramide et haut vent.	Franc et cognassier.
Gros Saint-Michel.	Gros.	Octobre et novembre.	Chair fine, beurrée, fondante, participant de la Bergamotte et du Doyenné.	Vigueur moyenne, très-fertile.	Chaude.	Éventail en espalier ou contre espalier.	Franc et cognassier.
rosse poire d'Amande.	Gros.	Octobre.	Chair blanc jaunâtre, fine, fondante, beurrée, de toute première qualité.	Vigoureux et très-fertile.	. . . .	Haut vent et pyramide.	Franc et cognassier.
Hélène Grégoire.	Gros ou très-gros.	Octobre.	Chair d'un blanc de neige, fine, fondante, demi-beurrée.	Vigoureux et fertile.	. . . .	Pyramide.	Cognassier ou franc.
osephine de Malines.	Moyen.	De janvier à avril.	Chair très-délicate.	Assez vigoureux.	Levant et couchant pour espalier.	Éventail et haut vent.	Franc et cognassier.
Léonie Pinchart.	Moyen.	Fin octobre.	Chair blanche, demi-fine, fondante, parfum des Bergamottes.	Vigoureux et très-fertile, bon pour les vergers.	. . . .	Haut vent et pyramide.	Franc.
Léon Leclerc de Laval.	Très-gros.	Très-tardif, mai et juin.	Chair blanche, très-fine, tendre ou demi-fondante.	Assez vigoureux et très-fertile.	Sol léger, chaud, et le midi dans les terres froides.	Pyramide et éventail.	Franc et cognassier.
Louis Dupont.	Assez gros.	Fin d'octobre.	Chair blanche, demi-fine, fondante.	Vigoureux.	. . . .	Pyramide.	Franc et cognassier.
Louise d'Orléans.	Assez gros.	. . . .	Chair blanche, fine, très-fondante.	Très-vigoureux.	. . . .	Pyramide et haut vent.	Franc et cognassier.
dame Adélaïde de Rêves.	Assez gros, arrondi en bergamotte.	Seconde quinzaine d'octobre.	De première qualité.	Vigoureux et très-fertile, bon pour les vergers.	. . . .	Pyramide et haut vent.	Franc et cognassier.
Madame Élisa Bivort.	Très-gros.	Fin novembre à fin décembre.	Chair légèrement rosée, fine, fondante, beurrée, de toute première qualité.	Vigoureux et fertile.	Levant et couchant pour l'éventail.	Pyramide.	Franc et cognassier.
Madame Durieux.	Très-gros.	Fin d'octobre.	De toute première qualité.	Vigoureux et très-fertile.	. . . .	Pyramide et éventail.	Franc et cognassier.
Maréchal Dillen.	Petit ou moyen.	Octobre et novembre.	Chair blanche, fine, fondante, beurrée.	Vigoureux et très-fertile.	. . . .	Pyramide et haut vent.	Franc et cognassier.
Maria de Nantes.	Presque moyen.	Novembre.	Chair blanche, fine, fondante, se rapprochant de celle des Rousselets.	Très-vigoureux et probablement bon pour les vergers.	. . . .	Haut vent.	Franc.
Marie Parent.	Gros.	Octobre.	Chair blanche, très-fine, fondante, parfum délicieux.	Moyenne.	. . . .	. . . .	. . . .
Médaille d'or.	Gros.	. . . .	Fondante.	Moyenne.	Sol léger et argileux.	Pyramide.	Franc ou cognassier.
veau Poiteau (Van Mons).	Très-Gros.	Vers la fin d'octobre.	Chair d'un blanc verdâtre, fine, beurrée, sucrée, fondante.	Assez vigoureux.	Sol léger au midi.	Éventail et pyramide.	Cognassier ou franc.
Orpheline Colmar.	Très-Gros.	Octobre et novembre.	Chair blanc jaunâtre, fine, fondante.	Assez vigoureux et très-fertile.	. . . .	. . . .	. . . .

BLEAU N° 5.

POIRES.

NOMS DES VARIÉTÉS.	VOLUME DU FRUIT.	ÉPOQUE DE LA MATURITÉ.	CARACTÈRES DU FRUIT.	VIGUEUR DE L'ARBRE.	ION.	FORME.	SUJETS POUR LA GREFFE.
Orpheline d'Enghien.	Gros.	Novembre à mars.	Chair blanche, fine, fondante, beurrée.	Assez vigoureux et très-fertile.	gant.	Éventail au mur.	Cognassier et franc.
Passe Colmar.	Assez gros.	Fin novembre à février.	Chair blanc jaunâtre, très-fine, beurrée, fondante.	. . . .	Chaude et ment abritée.	Éventail, vase et pyramide.	Cognassier et franc.
Passe Colmar musqué.	Moyen.	Fin octobre et novemb.	Chair blanc jaunâtre, fine, fondante et beurrée.	Assez vigoureux sur franc, très-fertile.	. . . .	Pyramide et haut vent dans les jardins.	Franc et cognassier.
Petit Rousselet.	Petit.	Septembre.	Chair demi-beurrée, fine et relevée, mollissant vite.	Vigoureux et très-fertile.	Terr et sec.	Haut vent, pyramide et éventail.	Franc et cognassier.
Philippe Delfosse.	Moyen ou gros.	De décembre à janvier.	De toute première qualité.	Vigoureux et très-fertile.	Midi, couchant.	Pyramide et haut vent en situation abritée.	Franc et cognassier.
Philippe Goes.	Moyen.	Novembre à décembre.	De toute première qualité.	Assez vigoureux et très-fertile.	. . . .	Pyramide et haut vent en situation abritée.	Cognassier mais principalement franc.
Poire Alexandre Bivort.	Petit ou moyen.	Fin décembre et janvier.	De première qualité.	Vigoureux et fertile.	. . . .	Pyramide.	Franc ou cognassier.
Poire Ananas.	Moyen.	Octobre.	De première qualité.	Moyenne, très-fertile.	levant.	Pyramide.	Franc.
oire bonne de Malines.	Moyen ou petit.	Novembre et décembre.	Chair blanc verdâtre, fine et très-fondante.	Un peu au-dessous de la moyenne, très-fertile	. . . .	Pyramide.	Franc.
ire Bouvier Bourgmestre.	Gros.	Novembre.	Chair blanche, fine, fondante, mais un peu pierreuse autour du trognon.	Moyenne, fertilité moyenne.	Levant et nt en terre légère.	Éventail.	Franc et cognassier.
Poire Colmar.	Gros.	De janvier à mars.	Chair jaunâtre, fine, demi beurrée, demi fondante, eau sucrée peu abondante.	Vigoureux et peu fertile.	Midi et leva espalier, sol chaud léger.	Pyramide et éventail.	Franc et cognassier.
Poire des chasseurs.	Moyen.	De novembre à janvier.	Chair légèrement rosée, demi fine et fondante.	Peu vigoureux.	Si n chaude.	. . . .	Franc et cognassier.
Poire de Tougres.	Très-gros et bosselé.	D'octobre à novembre.	Chair blanche, fine, fondante.	Moyenne et très-fertile.	aude.	Pyramide.	Franc.
Poire Deux Sœurs.	Gros ou très-gros.	Commencement de novembre.	Chair fine, vert-jaunâtre, demi fondante et eau très-sucrée, goût d'amande et de noisette.	Assez vigoureux et fertile.	. . . .	Pyramide.	Franc et cognassier.
Poire Devergnies.	Moyen ou assez gros.	Décembre.	Chair blanc jaunâtre, fine, fondante, beurrée, de toute première qualité.	Assez vigoureux et très-fertile.	Si on chaude.	Pyramide et surtout éventail.	Franc ou cognassier.
Poire Dix.	Gros.	De la fin d'octobre en décembre.	Chair fondante, demi beurrée, eau abondante, sucrée, acidulée, d'un parfum exquis.	Très-vigoureux.	. . . .	Pyramide et haut vent.	. . . .
Poire docteur Nélis.	Moyen.	De novembre en janvier.	Chair blanche, rosée, demi fine, fondante, saveur d'amande très-fine.	Assez vigoureux et très-fertile.	. . . .	Haut vent et pyramide.	. . . .
Poire Espérine.	Gros.	Octobre et novembre.	Chair blanche, fine, fondante, demi beurrée, eau abondante.	Moyenne et très-fertile.	. . . .	Éventail et pyramide.	Franc et cognassier.
Poire Grand Soleil.	Assez gros.	Novembre et décembre.	Chair blanche, demi fine et fondante.	Assez vigoureux, fertilité moyenne.	. . . .	Pyramide sur franc ou cognassier.	Franc surtout.
Poire Henriette.	Petit ou moyen.	De novembre en janvier.	Chair assez fine et fondante.	Assez vigoureux.	. . . .	Pyramide.	Franc et cognassier.
Poire Iris Grégoire.	Moyen ou assez gros.	Décembre et janvier.	Chair blanche, fine, fondante, légère saveur d'amande.	Moyenne et assez fertile.	. . . .	Pyramide et éventail.	Franc et cognassier.
ire Jean-Baptiste Bivort.	Assez gros.	Octobre et novembre.	Chair blanche, très-fine, fondante et beurrée.	Vigoureux et fertile, bon pour les vergers.	Si tion chaude.	Pyramide.	Franc et cognassier.
Poire Léon Grégoire.	Gros ou très-gros.	Décembre et janvier.	De toute première qualité.	Vigoureux et fertile.	. . . .	Haut vent et pyramide.	. . . .
Poire Léopold premier.	Assez gros.	Mi-décembre.	Fruit exquis.	Vigueur moyenne et assez fertile.	. . . .	Pyramide.	Franc
ire Louis-Grégoire (Grégoire).	Gros.	De novembre à janvier.	Chair fine, blanche, fondante, demi beurrée, de toute première qualité.	Assez vigoureux et très-fertile.	. . . .	Pyramide et haut vent.	Cognassier et franc.

EAU N° 6.

POIRES.

S DES VARIÉTÉS.	VOLUME DU FRUIT.	ÉPOQUE DE LA MATURITÉ.	CARACTÈRES DU FRUIT.	VIGUEUR DE L'ARBRE.	EXPOSITION.	FORME.	SUJETS POUR LA GREFFE.
irc Marie-Louise.	Gros ou très-gros.	Octobre.	Chair blanche, assez fine, fondante.	Moyenne, très-fertile.	Situation chaude.	Éventail.	Franc et cognassier.
Napoléon Savinien.	Moyen.	De janvier à mars.	Chair blanche, demi fine, fondante, eau sucrée et vineuse.	Très-vigoureux et bon pour les vergers.	Peu difficile sur l'exposition.	Haut vent et pyramide.	Franc.
re Nouvelle Fulvie.	Gros ou très-gros.	Janvier et février.	Belle, bonne, très-fine, fondante, beurrée, tardive.	Assez vigoureux et fertile.	. . . .	Pyramide.	. . . .
ire roi de Rome.	Très-gros.	. . . .	Chair blanc jaunâtre, demi fine, fondante.	Assez vigoureux et fertile.	. . . .	Pyramide.	Franc.
Poire Seigneur.	Gros.	Fin septembre et octobre.	Chair blanche, fondante, demi beurrée.	Vigoureux et fertile.	Midi, levant et couchant.	Pyramide et quenouille.	Franc ou cognassier.
Poire Thooris.	Moyen ou petit.	Fin septembre.	Chair blanc jaunâtre, demi fine, fondante.	Vigoureux et fertile, convient pour les vergers.	. . . .	. . . .	Franc.
an Mons (Léon Leclerc).	Très-gros.	Fin octobre à décembre.	Chair blanche, demi fine et fondante.	Moyenne et fertile.	. . . .	Pyramide sur franc.	Franc.
irc Zéphirin-Louis.	Plus que moyen et en forme de bergamotte.	Fin décembre et janvier.	Goût délicieux et tout particulier tenant du doyenné et de la bergamotte.	Vigoureux.	. . . .	Pyramide, haut vent et éventail.	. . . .
Prince-Albert.	Moyen.	Février et mars.	Chair exquise.	Vigoureux.	. . . .	Haut vent et pyramide.	Franc et cognassier.
Rousselet Aciens.	Petit ou moyen.	Novembre.	Chair un peu grenue, d'un blanc jaunâtre, fondante et d'un parfum de rousselet.	Très-vigoureux et fertile, bon pour les vergers.	. . . .	Haut vent.	Franc.
sselet Vandervecken.	Très-petit.	Novembre.	De toute première qualité.	Moyenne et très-fertile.	Midi et levant.	Pyramide.	Franc.
Rousselet Bivort.	Petit.	. . . .	Fine, fondante, demi beurrée.	Vigoureux et fertile.	. . . .	Pyramide.	Franc et cognassier.
Roussclon.	Moyen.	Février.	Chair blanche, fine, demi fondante.	Moyenne.	. . . .	. . . .	. . . .
Saint-Germain.	Assez gros.	Fin novembre.	Chair blanche, très-fondante, ne mollissant jamais.	Peu vigoureux.	Midi et levant.	Éventail.	Franc et cognassier.
Séraphine Ovyn.	Moyen.	Mi-octobre.	. . . .	Vigoureux et très-fertile.	. . . .	. . . .	. . . .
Soldat Laboureur.	Moyen.	D'octobre à fin novemb.	Chair blanc jaunâtre, demi fine, fondante.	Vigoureux et fertile, bon pour les vergers.	Toute exposition.	Pyramide, éventail et haut vent.	Franc et cognassier.
ir de la reine des belges.	Assez gros.	Octobre et novembre.	Chair blanche, jaunâtre, demi fine, fondante.	Vigoureux et très-fertile.	Situation abritée.	Pyramide et haut vent.	Franc et cognassier.
Surpasse Meuris.	Gros ou très-gros.	Mi-octobre.	Chair blanc jaunâtre, demi fine, fondante, parfum délicieux.	Vigoureux et fertile.	. . . .	Pyramide.	Franc et cognassier.
dore Van Mons (Van Mons).	Assez gros.	De la 2e quinzaine d'octobre à fin novembre.	Chair blanche, très-fine, fondante, beurrée.	Vigoureux et assez fertile.	Situation abritée pour haut vent.	Pyramide.	Franc ou cognassier.
Thérèse Kumps.	Moyen, un peu arqué.	Novembre.	Chair blanc jaunâtre, demi fine et fondante.	Moyenne et d'une grande fertilité.	Situation chaude.	. . . .	Franc et cognassier.
Vauquelin.	Assez gros.	Novembre ou décembre.	Chair demi fine, fondante.	Vigoureux et fertile.	Se plaît dans tous les sols.	Haut vent et pyramide.	Franc et cognassier.
rte longue panachée.	Moyen.	Première quinzaine d'octobre.	Chair blanche, fine, très-fondante.	Peu vigoureux.	Toutes les expositions en espalier, terrain chaud.	Pyramide et éventail.	Principalement sur franc.
comte de Spoelberg.	Moyen.	Novembre à décembre.	Chair blanche, fine, fondante et beurrée.	Vigoureux et très-fertile, bon pour les vergers.	Au levant et au couchant en espalier.	Haut vent et éventail.	Franc et cognassier.
gt-cinquième anniversaire de Léopold.	Gros.	Novembre.	Chair blanche, fine, fondante et beurrée.	Assez vigoureux.	. . . .	Pyramide.	Franc.
Virgouleuse.	Moyen ou gros.	De décembre à fin janvier.	Chair jaune, tendre, beurrée, demi fondante.	Peu vigoureux.	Exposition chaude de l'espalier.	Éventail.	. . . .
Zéphirin Grégoire.	Petit ou moyen.	De novembre à février.	Chair blanche, fine, fondante et beurrée.	Vigoureux en terre légère et situation abritée.	Levant et couchant.	Pyramide et éventail.	Franc et cognassier.

U N° 7.

POMMES.

DES VARIÉTÉS.	VOLUME DU FRUIT.	ÉPOQUE DE LA MATURITÉ.	CARACTÈRES DU FRUIT.	VIGUEUR DE L'ARBRE.	EXPOSITION.	FORME.	SUJETS POUR LA GREFFE.
fleur de Brabant.	Moyen.	Tardive.	Chair blanc jaunâtre, demi-fine, moelleuse.	Vigoureux. Bon pour les vergers.	. . . .	Haut vent.	. . . .
-fleur de France.	Très-gros.	Tardive.	Chair blanc jaunâtre, demi-fine, moelleuse.	Vigoureux et fertile. Bon pour les vergers.	. . . .	Haut vent.	. . . .
alville Barré.	Gros.	Décembre.	De toute première qualité.	Vigoureux et fertile.	. . . .	. . . .	. . . .
e blanche à côtes.	Gros.	Décembre.	Chair blanche, fine, grenue, tendre.	Vigoureux et fertile.	Nord ou couchant en espalier.	Éventail et haut vent.	Franc ou doucin.
lle des prairies.	Moyen.	Tardive.	Chair assez fine, blanche, succulente.	Vigoureux et fertile. Convient aux vergers.	. . . .	Haut vent.	. . . .
ville Maliogié.	Gros.	Octobre et novembre.	Chair blanche, fine, grenue.	Vigoureux et fertile.	. . . .	Haut vent.	. . . .
e rouge d'automne.	Volume variable.	Fin octobre et novembre.	Chair délicate, grenue, d'un goût vineux, relevé et aromatique.	Vigoureux et productif.	. . . .	. . . .	. . . .
endu de Tournay.	Assez gros.	Décembre.	Chair d'un blanc crémeux, tendre et fine.	Assez vigoureux.	Sol riche et bonne exposition.	Haut vent.	. . . .
rt-pendu gris.	Assez gros.	Décembre.	Chair blanche, fine et ferme, d'un goût sucré acidulé.	Vigoureux et fertile.	. . . .	Haut vent.	. . . .
rt-pendu rosat.	Assez gros.	Tardive.	Chair blanche, fine, juteuse, sucrée.	Vigoureux. Bon pour les vergers.	. . . .	Haut vent.	. . . .
ouble agathe.	Moyen ou gros.	Octobre et de bonne garde.	Chair d'un blanc jaunâtre, tendre, sucrée et de première qualité.	Vigoureux, très-fertile. Bon pour les vergers.	. . . .	Haut vent.	. . . .
eur Alexandre Ier.	Très-gros.	Novembre et d'assez bonne garde.	Chair blanche, assez fine, grenue, rappelant les rambours.	Assez vigoureux.	. . . .	Vases et buissons sur paradis.	. . . .
Graefenstein.	Gros.	Octobre à décembre.	Chair jaune, blanchâtre, délicate sans être très-fine, très-juteuse, d'une saveur suave.	Robuste et fertile. Bon pour les vergers.	. . . .	Haut vent.	. . . .
rdston non suche.	Gros, arrondi.	D'octobre en février.	Chair blanc jaunâtre, tendre et pleine de jus.	Très-vigoureux et très-fertile. Bon pour les vergers.	. . . .	Haut vent et espalier.	. . . .
ortherh spy.	Gros, arrondi.	De janvier à juin.	Chair blanche, fine, tendre.	Vigoureux. Bon pour les vergers.	. . . .	Haut vent.	. . . .
veau pépin d'or.	Petit, arrondi et aplati aux deux pôles.	. . . .	Chair assez ferme, d'une extrême finesse et d'un jaune beurre frais.	Peu vigoureux.	A l'abri des vents d'ouest.	. . . .	. . . .
onnet de Rouen.	Gros.	De décembre à mars.	Chair blanche, tendre et remplie d'eau sucrée et acidulée.	Moyenne, très-fertile.	Nord-est et couchant.	. . . .	. . . .
mme Baldwin.	Gros, arrondi.	De novembre à mars.	Chair blanc jaunâtre, fine et demi-cassante.	Vigoureux. Bon pour les vergers.	. . . .	Haut vent.	. . . .
de dix-huit onces.	Très-gros et arrondi.	Octobre et janvier.	Chair blanche, demi-fine.	Moyenne.	. . . .	Haut vent.	. . . .
duchesse de Brabant.	Gros et large.	Fin de novembre.	Chair blanche, demi-ferme, fine et juteuse.	Vigoureux sur franc. Peut convenir aux vergers.	Peu difficile.	Haut vent.	Franc.
duchesse d'Oldenbourg.	Plus que moyen.	Vers le 15 août.	Chair blanche, grenue et légère. Eau abondante, sucrée et parfumée.	Ordinaire, très-fertile.	. . . .	. . . .	. . . .
mme du Halder.	Gros.	Novembre.	Chair blanche, fine, demi-tendre, d'une saveur rappelant celle du Calville blanc.	Vigoureux et fertile. Convient surtout aux vergers.	. . . .	. . . .	. . . .
mme framboise.	Gros.	Fin septembre.	Chair blanche, fine, très-tendre.	Peu vigoureux mais fertile.	Peu difficile.	Pyramide et haut vent.	. . . .
me Hawthorden.	Assez gros.	Septembre et octobre.	Eau abondante d'une saveur douce et un peu acidulée.	Peu vigoureux mais très-fertile.	Levant et couchant.	Éventail et vases.	. . . .
me Marguerite.	Petit ou moyen.	Première quinzaine de juin.	Chair blanche, ferme, juteuse, très-agréable.	Moyenne, assez fertile.	. . . .	Haut vent sur franc et demi-tige sur doucin.	Franc et doucin.

EAU N° 8.

POMMES.

MS DES VARIÉTÉS.	VOLUME DE FRUIT.	ÉPOQUE DE LA MATURITÉ.	CARACTÈRES DU FRUIT.	VIGUEUR DE L'ARBRE.	EXPOSITION.	FORME.	SUJETS POUR LA GREFFE.
Pomme neige.	Moyen.	Août.	La meilleure de celles qui mûrissent en août. Chair d'une blancheur éclatante.	Vigueur moyenne, lent à se mettre à fruit, puis très-fertile.	A l'abri des vents d'ouest.	Vases ou buissons.	Paradis ou doucin.
me non pareille ancienne.	Moyen.	Janvier et février.	Chair d'un blanc un peu jaune, fine, ferme, juteuse, d'une saveur suave.	Peu vigoureux et très-fertile.	Terre sèche et chaude.	Éventail à l'espalier et pyramide.	Franc et doucin.
omme ostogathe.	Moyen, un peu plus large que haut.	Commencement de novembre.	Chair blanche, un peu jaunâtre et des plus fines.	Assez vigoureux et fertile.	…	…	…
mme prince d'Orange.	Assez gros.	Octobre et novembre. Se garde bien.	Chair d'un blanc jaunâtre, très-fine et d'un goût agréable.	Vigoureux et assez fertile.	…	…	…
me Roxburg Russet.	Assez gros, arrondi.	De janvier en mai.	Chair blanc verdâtre, plutôt ferme que moelleuse, saveur exquise.	Vigoureux. Bon pour les vergers.	…	Haut vent.	…
me Van de Nabeele.	Assez gros.	Décembre jusqu'en juin et juillet	Chair blanc jaunâtre, demi-tendre et très-agréable.	Très-vigoureux et très-fertile. Convient aux vergers.	…	Haut vent.	…
dent Defays Dumonceau.	Très-gros.	De novembre en février.	Chair tendre, assez fine, tenant de la Reinette et du Rambour.	Très-vigoureux, fertile. Bon pour les vergers.	…	Haut vent et pyramide.	Franc.
Reinette Coulon.	Très-gros.	De novembre à janvier.	Peau d'un jaune d'or à la maturité. Chair d'un blanc de crème et demi-cassante.	Vigoureux et convient aux vergers.	…	…	…
inette d'Angleterre.	Moyen, plus large que haut.	Commencement de novembre.	Chair d'un blanc jaunâtre, ferme d'abord, puis assez tendre. Goût acidulé sucré, très-suave.	Assez vigoureux et très-fertile.	…	Forme naine et demi-tige.	Doucin.
Reinette de l'Ohio.	Assez gros.	Fin décembre et parfaite en février.	Chair ferme, juteuse et des plus fines.	Vigoureux. Bon pour les vergers.	…	Haut vent.	…
Reinette d'Espagne.	Gros.	Novembre.	Chair d'un blanc un peu jaunâtre, fine, ferme et légère.	Vigoureux et productif.	A l'abri des vents d'ouest.	Haut vent.	…
Reinette de Thorn.	Assez gros.	Décembre.	Chair fine, tendre, très-blanche, douce et sucrée.	Assez vigoureux et fertile.	Levant et couchant.	Pyramide.	…
Reinette d'Italie.	Assez gros.	Décembre.	Chair d'un blanc un peu jaune, fine, d'un goût sucré acidulé.	Assez vigoureux et fertile.	…	Haut vent et pyramide.	Franc.
Reinette dorée.	Grosseur moyenne.	Tardive.	Chair blanche, fine, assez ferme et bien parfumée.	Assez vigoureux et très-fertile.	Levant et même le midi.	Éventail à l'espalier.	Franc ou doucin.
Reinette du Canada.	Très-gros.	De décembre à mars.	Chair fine, tendre, d'un blanc jaunâtre.	Vigoureux, assez productif.	Chaude.	Haut vent ou nain.	Franc ou paradis.
etite duchesse de Brabant.	Gros.	Fin septembre.	De toute première qualité.	Très-vigoureux et bon pour les vergers.	…	Haut vent.	…
Reinette franche.	Gros.	Très-tardive.	De toute première qualité.	Assez vigoureux et fertile.	Chaude et abritée.	…	…
Reinette grise.	Moyen ou gros, déprimé aux deux bouts.	Tardive et se conservant jusqu'en juin.	Chair ferme, fine, eau abondante, sucrée.	Vigoureux.	…	Haut vent et éventail.	…
inette orange de Cox.	Moyen.	Novembre.	Chair jaunâtre, fine, ferme et très-suave. Toute première qualité.	Vigoureux et très-fertile.	…	…	…
inette Saint-Lambert.	Gros.	Fin septembre.	Chair blanc jaunâtre, fine, juteuse et délicate.	Vigoureux. Bon pour les vergers.	…	Haut vent.	…
Reinette Vervaene.	Assez gros.	Très-tardive.	Chair fine, granuleuse et d'une eau douce.	…	…	…	…
Ribston Pippin.	Au-dessus de la moyenne.	Fin novembre.	Chair d'un blanc lacté, ferme et moelleuse.	Vigoureux. Bon pour les vergers.	…	Haut vent.	…
oyale d'Angleterre.	Gros ou très-gros.	Octobre.	Chair assez fine, tendre et fondante.	Très-vigoureux et très-fertile. Cultivé dans les vergers du Brabant.	…	Haut vent.	…
Wellington.	Gros.	Janvier.	Chair d'un blanc lacté, fine, ferme, eau abondante.	Vigoureux et fécond. Bon pour les vergers.	…	Haut vent.	…
Winter Queen.	Gros.	De novembre à février.	Passable, chair d'un blanc rosé.	Vigoureux et très-fertile. Bon pour les vergers.	…	Haut vent.	…

ABRICOTS.

...ARIÉTÉS.	VOLUME DU FRUIT.	ÉPOQUE DE LA MATURITÉ.	CARACTÈRES DU FRUIT.	VIGUEUR DE L'ARBRE.	EXPOSITION.	FORME.
...e Bidaut.	Moyen ou assez gros.	Commencement d'août.	Jaune orangé foncé, chair d'une saveur parfaite.	Vigoureux et très-fertile.	....	....
...u de Nancy.	Gros.	Seconde quinzaine d'août.	Chair très-fondante et d'un jaune rouge orangé.	Vigoureux.	Toutes les expositions.	Éventail.
...Toulon.	Gros.	Mi-juillet.	Chair jaune orangé, fine et juteuse.	Vigoureux et très-fertile.	Midi et levant.	Éventail.
...Saint-Jean.	Moyen.	Du 1er au 15 juillet.	Chair jaunâtre et fine.	Assez vigoureux.	Midi.	Éventail à l'espalier, pyramide et haut vent.

CERISES.

...IÉTÉS.	VOLUME DU FRUIT.	ÉPOQUE DE LA MATURITÉ.	CARACTÈRES DU FRUIT.	VIGUEUR DE L'ARBRE.	EXPOSITION.	FORME.	SUJETS POUR LA GREFFE.
...ovembre.	Moyen, ovale, arrondi.	Tardive.	Peau assez épaisse, rouge clair, marbrée et ponctuée de pourpre. Chair jaunâtre, eau douce et sucrée.	Très-vigoureux et très-fertile.	....	Haut vent.	....
...oisy.	Gros.	Juillet.	Chair jaune rougeâtre, douce, de première qualité.	Assez vigoureux.	....	Haut vent et pyramide.	....
...que ou de	Gros.	Juillet et août.	Chair jaunâtre, douce, de première qualité.	Vigoureux et fertile.	Terrain léger et chaud.	Haut vent et éventail.	....
...rueux de	Très-gros.	Juillet et août.	Rouge-noir, panaché de pourpre. Chair ferme, succulente, très-bonne.	Vigoureux et fertile.	....	....	....
...igeoise.	Gros, arrondi.	Fin juillet.	Peau fine, d'un rouge vif. Chair jaunâtre, juteuse et très-agréable.	Vigoureux et peu fertile.	....	Haut vent et espalier.	....
...on.	Gros, ovale, un peu pointu.	Commencement de juillet.	Peau luisante, jaune pâle à l'ombre, lavée de rose et rayée de pourpre au soleil. Saveur délicieuse.	Robuste et fertile, convient pour les vergers.	....	Pyramide et haut vent.	....
...rcier.	Assez gros.	Seconde quinzaine d'août.	Peau rouge foncé. Chair rougeâtre, douce, sucrée.	Vigoureux et fertile, bon pour les vergers.	....	Haut vent.	....
...Tartarie.	Gros ou très-gros.	Fin juin et juillet.	Peau noire et luisante. Chair pourpre foncé, succulente et demi tendre.	Assez vigoureux et très-fertile.	....	Haut vent et éventail.	....
...tier à ra-ants.	Gros.	Fin juin et juillet.	Rougeâtre d'abord, puis presque noire. Chair à la fois ferme et fondante.	Vigoureux et fertile.	....	Haut vent et éventail.	Sainte Lucie pour les quenouilles et les pyramides.
...tardive.	Moyen ou assez gros.	Août.	Peau fine d'un rouge assez foncé. Chair de très-bonne qualité.	Assez vigoureux et très-fertile.	....	Haut vent.	....
...nse.	Gros, arrondi.	Commencement de juillet.	Peau d'un rouge clair d'abord, se fondant à la maturité. Chair jaune, fondante et sucrée.	Assez vigoureux mais peu productif.	Levant et couchant.	Pyramide, éventail et haut vent.	....
...de ou de	Moyen.	Seconde quinzaine de juillet.	Peau luisante, d'un beau rouge. Chair rouge et ferme.	Vigoureux et fertile.	....	Haut vent et pyramide.	....
...ngleterre.	Assez gros.	Août.	Passe pour la meilleure des cerises.	Vigoureux et d'une fertilité moyenne.	....	....	....

AU N° 11.

PRUNES.

DES VARIÉTÉS.	VOLUME DU FRUIT.	ÉPOQUE DE LA MATURITÉ.	CARACTÈRES DU FRUIT.	VIGUEUR DE L'ARBRE.	EXPOSITION.	FORME.
Gustave d'Egger.	Assez gros, ovale.	Septembre.	Peau jaune. Chair jaune foncé, se rapprochant de la reine-Claude dorée.	Moyenne.	. . . .	Haut vent et pyramide.
npériale gage.	Très-gros, ovale.	Du 15 au 30 août.	Peau jaune. Chair jaune, fine, succulente.	Vigoureux et fertile.	Levant et midi.	Haut vent et éventail.
ériale violette.	Gros, ovale, allongé.	Septembre.	Peau violette. Chair ferme et succulente.	Vigoureux et fertile.	Nord-est.	Éventail.
nce of Whales.	Gros ou moyen, ovale, arrondi.	Du 1er au 15 septembre.	Peau violette et ponctuée de roux. Chair jaune et excellente.	Extrêmement vigoureux et fertile, bon pour les vergers.	Nord-est en espalier.	Haut vent et éventail.
le monsieur Jaune.	Gros.	Seconde quinzaine d'août.	Chair jaunâtre, douce et agréable.	Vigoureux.	. . . .	. . . .
ne de Montfort.	Moyen, ovale, arrondi.	Août et septembre.	Peau d'un violet foncé. Chair jaune verdâtre, excellente.	Assez vigoureux et fertile.	. . . .	. . . .
ne des burettes.	Gros ou très-gros.	Fin septembre et octobre.	Peau vert sâle ombré de rouge clair. Chair très-délicate et fondante.	Moyenne, très-fertile.	. . . .	. . . .
e early favourite.	Petit ou moyen, rond.	Mi-juillet.	Peau violet foncé avec points roux. Chair jaune foncé, succulente et sucrée.	Très-vigoureux et très-fertile, bon pour les vergers.	. . . .	Pyramide, haut vent et éventail.
'rune gonne.	Très-gros, obovale ou sphérique.	Fin du mois d'août.	Peau rouge carminé, ponctué de roux. Chair jaune, succulente et fondante.	Assez vigoureux et très-fertile.	. . . .	Éventail.
ne impératrice.	Gros, oviforme.	Seconde quinzaine de septembre.	Peau d'un violet clair. Chair d'un blanc rosé, fondante.	Vigoureux.	Levant et couchant en espalier.	Éventail et haut vent dans les jardins chauds et abrités.
rune Isabelle.	Gros et ovale.	Seconde quinzaine d'août.	Peau épaisse, rouge-brun. Chair d'un blanc jaunâtre, très-agréable.	Moyenne.	. . . .	Pyramide, éventail et haut vent.
une Jefferson.	Gros, ovale, arrondi.	Seconde quinzaine de septembre.	Peau jaune d'or pourpré. Chair très-sucrée et bien parfumée.	Moyenne.	. . . .	Éventail et haut vent.
e reine Victoria.	Gros, ovale, arrondi.	De la fin d'août au 15 septembre.	Rouge-violet. Chair jaune d'or, fine, succulente, très-sucrée, tenant bien à l'arbre.	Très-vigoureux et très-fertile.	. . . .	Pyramide, haut vent et éventail.
e smith's Orléans.	Gros, ovale.	Du 20 au 30 août.	Peau noir pourpré. Chair jaune foncé, assez ferme.	Vigoureux et productif, bon pour les vergers.	. . . .	Haut vent et pyramide.
tsche commune.	Allongé et assez gros.	Septembre et octobre.	Chair jaune, juteuse, sucrée, un peu rouge sous la peau.	Assez vigoureux, bon pour les vergers.	. . . .	Haut vent.
étsche d'Italie.	Plus gros que le fruit de la quetsche commune.	Septembre et octobre.	Chair jaune, fondante et succulente, meilleure que la quetsche commune.	Vigueur moyenne, très-fertile, bon pour les vergers.	. . . .	Haut vent.
-Claude ancienne.	Gros et rond, un peu aplati par les deux bouts.	Milieu d'août.	De toute première qualité.	Assez vigoureux.	Situation chaude.	Toutes les formes.
e-Claude violette.	Assez grosse.	De septembre à octobre.	Presque aussi bonne que la reine-Claude verte.	Vigoureux, robuste et d'un beau port.	. . . .	Haut vent en situation abritée.
shington jaune.	Très-grosse.	Du 15 août au 8 septembre.	Chair fondante, assez ferme, jaune, sucrée, juteuse.	Très-vigoureux.	Levant et couchant en espalier.	Éventail et haut vent.

EAU N° 12.

PÊCHES.

NOMS DES VARIÉTÉS.	VOLUME DU FRUIT.	ÉPOQUE DE LA MATURITÉ.	CARACTÈRES DU FRUIT.	VIGUEUR DE L'ARBRE.	EXPOSITION.
Belle et bonne.	Gros, arrondi.	Seconde quinzaine d'août.	Chair blanche, fine, fondante.	Vigoureux et très-fertile.	Midi et levant.
Brugnon blanc.	Gros, arrondi, un peu allongé.	Mi-septembre.	Chair blanche, ferme, fondante, d'une saveur un peu musquée et vineuse.	Moyenne.	Situation abritée.
Brugnon de Zelene.	Très-gros, arrondi, un peu déprimé.	Septembre.	Chair jaune clair, excellente.	Assez vigoureux.	Au midi.
Brugnon violet ou musqué.	Moyen.	Mi-septembre.	Chair très-adhérente au noyau, ferme et d'un blanc jaunâtre.	Vigoureux et fertile.	Midi en espalier.
Ernoult.	Gros.	Mi-septembre en espalier, fin septembre en haut vent.	Chair blanche, fine, fondante.	Vigoureux et très-fertile.	Midi et levant.
Gresse mignonne.	Gros.	Fin d'août.	Excellente.	Vigoureux.	Levant et midi.
Grosse mignonne hâtive.	Gros.	Seconde quinzaine d'août.	Chair fine, fondante, saveur agréable.	Vigoureux et très-productif.	Levant et midi.
Grosse noire de Montreuil.	Gros.	Septembre.	De toute première qualité.	Vigoureux et productif.	Levant et midi.
Magdelaine blanche.	Gros, presque sphérique.	Mi-août.	Chair fine, délicate, d'une saveur douce et sucrée.	Vigoureux et fertile.	Au levant ou au midi en espalier.
Magdelaine de Courson.	Beau fruit rond.	Mi-septembre.	Chair blanche et veinée de rouge au centre. Eau relevée et vineuse.	Vigoureux et peu productif.	Midi et levant en espalier.
Pêche comtesse de Hainaut.	Gros et rond.	Du 1er au 15 septembre.	Chair blanc jaunâtre, fine, succulente, fondante, rouge autour du noyau, de toute première qualité.	Très-vigoureux et très-fertile.	Chaude et abritée.
Pêche drap d'or.	Gros.	Seconde quinzaine de septembre.	Peau fine, duveteuse, jaune clair, chair très-fine, blanc jaunâtre, de toute première qualité.	Moyenne et fertile.	Chaude.
Surprise de Jodoigne.	Moyen.	Fin septembre.	Tient de la pêche par sa peau, de l'abricot par sa couleur et du brugnon par sa saveur.	Ordinaire.	Levant ou couchant en espalier.
Pêche d'Oignies.	Moyen ou gros.	Septembre.	Excellente qualité.	Robuste.	Haut vent du côté de Charleroy et de Binche.

RAISINS.

NOMS DES VARIÉTÉS.	VOLUME DU FRUIT.	ÉPOQUE DE LA MATURITÉ.	CARACTÈRES DU FRUIT.	VIGUEUR DE L'ARBRE.	EXPOSITION.
La Bruxelloise.	Gros.	Du 15 au 25 septembre.	Baies un peu ovales, très-grosses et d'un violet foncé. Chair dure, cassante et excellente.	Vigoureux et fertile.	Midi et levant.
Muscat Jesus.	Moyen.	Seconde quinzaine de septembre.	Grains ronds, moyens, d'un vert jaunâtre, croquants et légèrement musqués.	Assez vigoureux et très-fertile.	. . . .
Oulliade bleu.	Gros.	Septembre et octobre.	Grains très-gros, ovales, bleuâtres, croquants et agréables.	Très-vigoureux.	Midi.
Raisin angers.	Moyen.	Première quinzaine de septembre.	Le plus hâtif des raisins rouges, grains cassants et pulpe très-sucrée.	Vigoureux et productif.	Midi et levant.
Tokay des jardins.	Gros.	Seconde quinzaine de septembre.	Grain moyen, rond, rose clair, demi-cassant.	Vigoureux et productif.	Midi.

Librairie agricole d'Émile Tarlier, à Bruxelles,

Montagne de l'Oratoire, 5.

BIBLIOTHÈQUE RURALE

INSTITUÉE PAR LE GOUVERNEMENT BELGE.

Annuaire des agriculteurs de Belgique pour 1860, Onzième année. 1 volume de 324 pages; prix : fr. 2 00

Arboriculture (Manuel d'), comprenant l'étude des pépinières, la culture spéciale et la taille des arbres à fruits, précédé de notions d'anatomie et de physiologie végétales. 2 vol. avec 205 gravures. 1 60

Le Manuel d'arboriculture est puisé dans le cours de M. Dubreuil et dans les livres des principaux praticiens.

Arpentage et nivellement (Traité d'), par J. Leclerc et Toussaint. 1 volume avec 128 gravures et 4 planches (dont une coloriée). 1 50

Bêtes bovines (Traité des), appréciation — reproduction — élevage — exploitation — amélioration, par Aug. de Weckherlin, ancien directeur de l'institut agronomique de Hohenheim, conseiller intime de S. M. le Roi de Wurtemberg, traduit de l'allemand d'après la troisième édition et avec l'autorisation de l'auteur, par Adolphe Scheler, médecin-vétérinaire du gouvernement et des écuries de S. A. R. le Comte de Flandre, 2 volumes. 4 »

Betterave (Culture et alcoolisation de la) par N. Basset. 1 vol. de 216 pages. 2 »

Calendrier du bon cultivateur — Manuel de l'agriculteur praticien — par Mathieu de Dombasle, augmenté de notes rédigées pour la Belgique. 1 volume de 320 pages, orné du portrait de l'auteur. (Édition interdite pour la France.) 2 50

Catéchisme agricole, résumé des notions les plus élémentaires sur l'agriculture considérée dans ses rapports avec les sciences naturelles, par Victor Van den Broeck, professeur de chimie et de métallurgie à l'École des mines du Hainaut, 1 volume de 174 pages. » 75

Champs (Les) **et les prés**, par P. Joigneaux, 2e édition. 1 volume. 1 »

Chaux (Emploi de la) en agriculture. 1 volume. » 20

Chêne en taillis à écorces (Traitement du), par J. Koltz, élève diplomé de l'Académie de Hohenheim, agent des eaux et forêts. 1 vol. de 88 pages et 30 gravures. » 75

Chimie agricole et Géologie (Manuel de), par F. W. Johnston, traduit de l'anglais; édition augmentée d'un aperçu géologique, par Dumont, membre de l'Académie des sciences. 1 volume de 400 pages avec gravures. 1 35

L'objet que l'agriculteur praticien doit avoir en vue, c'est de recueillir, sur une étendue de terrain donnée, avec le moins de frais et dans l'espace le plus court, la plus grande quantité possible d'un produit ayant la plus haute valeur, et cela sans porter atteinte à la fertilité permanente du sol. Les sciences chimique et géologique éclairent chaque pas que le cultivateur fait dans cette voie.

Constructions rurales (Manuel des); nouvelle édition sous presse.

Cours d'économie rurale, professé à l'Institut agricole de Hohenheim, par M. Goeritz; traduit par Jules Rieffel, directeur de la ferme régionale de Grand-Jouan. 2 vol. in-18 de 205 et de 305 pages avec planches explicatives. 4 »

Culture (Manuel de), par Max. Le Docte, 1 volume avec 30 gravures. » 80

Culture maraîchère (Manuel de), par Rodigas, professeur d'horticulture à l'École normale de Lierre. 1 volume de 330 pages avec 54 gravures, 2e édition. 2 »

Drainage (Manuel de) par H. STEPHENS, traduit de l'anglais par D'OMALIUS; suivi d'une notice de J. LECLERC, directeur du service du drainage en Belgique. 1 volume avec 88 gravures. 1 10

Drainage (Traité complet de) — **essai théorique et pratique sur l'assainissement des terrains humides,** par J. LECLERC, ingénieur des ponts et chaussées, directeur du service du drainage, inspecteur de l'agriculture, 2e édition. 1 volume de 354 pages et 127 gravures. 2 00

Économie (L') **du ménage, préceptes d'économie populaire,** par GÉRARDI, président du comice agricole de Virton. 1 volume de 270 pages. 1 50

Des différentes espèces de pain et de leur fabrication — soupes, potages, etc., — pommes de terre et fécules — maïs et riz — boissons économiques — cidre et poirés — vinaigres — recettes diverses — approvisionnements — falsifications — denrées importantes à introduire dans l'alimentation — culture, fabrication, usages et inconvénients du tabac.

Encastelure (Mémoire sur l') par F. DEFAYS, professeur à l'école vétérinaire de l'État. Brochure de 64 pages. » 75

Engrais et amendements (Traité complet des) : Engrais animaux, végétaux et minéraux, fumiers de fermes et engrais liquides, par G. FOUQUET, professeur à l'école d'agriculture de Thourout, 2e édition, 2 volumes avec grav. 2 50

Forestier (Manuel), par CLÉMENT, agronome du Roi. 1 volume avec gravures. » 30

On trouve dans ce travail des renseignements : 1o sur la production forestière : *c'est-à-dire la culture, la conservation, l'utilisation ou l'exploitation des bois;* 2o sur l'économie forestière, *qui comporte l'aménagement, l'estimation, l'organisation et la direction des forêts.*

Fourrages — recherches sur leur valeur nutritive et sur celle des autres substances destinées à l'alimentation des animaux, par ISID. PIERRE, membre de l'institut. 1 volume de 186 pages. 2 »

Froment (Culture perfectionnée du), par JETHRO TULL, traduit de l'anglais sur la quatorzième édition par le baron E. PEERS. 1 volume. » 40

Fumiers couverts (Les), par le baron E. PEERS. 1 volume de 76 pages. 1 00

Graminées céréales et fourragères (Traité des), avec des observations sur les variétés nouvelles, par V. de Moor, secrétaire de la Société d'agriculture et de botanique d'Alost. 1 vol. avec 205 gravures. 2 50

L'ouvrage est divisé en trois parties : la 1re partie est consacrée à l'étude de la nomenclature des organes des graminées, des formes et des positions qu'elles affectent ; la 2e partie, outre la description complète des genres et des espèces, comprend quelques tableaux qui facilitent la recherche des tribus, des genres et des espèces ; enfin, dans la 3e partie l'auteur indique tout ce que l'on sait aujourd'hui sur les stations, les propriétés et le rendement des espèces et des variétés, d'après les observations consignées dans les meilleurs travaux récents sur l'économie rurale.

Il faut semer clair ! ; traduit de l'anglais de H. Davis ; brochure de 14 pages. » 30

Instruments d'agriculture (Traité des) par Max. Le Docte. 1 fort volume avec 95 gravures. » 90

Charrues — extirpateurs — houes à cheval — herses — étaupinoirs — — semoirs à cheval — semoirs à brouettes — rayonneurs — plantoirs — faux, sapes et faucilles.— machines à battre — tarares — machines à nettoyer la graine à semer — instruments de fenaison — chariots et charrettes — tombereaux — machines à transporter le purin — brouettes — hache-paille — coupe-racines — machines à concasser et à broyer — barattes — machines à laver les racines — râpes — balances — bascules — supports pour meules — colliers — palonniers — traineaux — pompes — instruments de sondage — bacs à porcs — instruments pour prévenir la météorisation du bétail — terrines à lait, etc.

Instruments d'agriculture (Les) **à l'Exposition universelle de Londres**, par un constructeur belge. 1 vol. avec 43 gravures. » 55

Irrigation (Manuel d'), par Julien Deby. 1 vol. de 176 pages et 99 gravures. » 60

Laiterie (La). Notions pratiques sur l'art de faire le beurre et de fabriquer les fromages.—Manière de traiter le lait et la crème. Battage du beurre. Procédés de salaison et de conservation. Moyens de remédier à la rancidité, etc. ; par P. A. de Thier, 2e édition. 1 vol. de 60 pages avec gravures. » 75

Lin (De la culture du) **et des différents modes de rouis-**

sage, par J. Demoor, secrétaire de la Société d'agriculture d'Alost. 1 volume de 150 pages avec gravures. » 75

Cet ouvrage, précédé d'un aperçu historique, botanique et chimique sur le lin, contient, dans une première partie, les différents préceptes à suivre pour la culture perfectionnée de cette plante. L'auteur consacre sa seconde partie aux procédés perfectionnés de rouissage.

Maréchal ferrant (Manuel du), par Brogniez, professeur à l'École de médecine vétérinaire de l'État. 1 volume avec 20 gravures. » 30

Médecin des campagnes (Le), par le docteur Ch. Moreau. 1 volume de 356 pages. 2 00

Médecine vétérinaire (Manuel de) par Verheyen. 1 volume de 536 pages. 2 00

Mûrier (Culture du) **et éducation des vers à soie,** résumé des meilleurs auteurs français et italiens, par A. Ronnberg, président du premier district agricole du Brabant. 1 volume avec 43 gravures. 1 »

Nutrition (De la) **des végétaux,** considérée dans ses rapports avec les assolements, par le baron de Babo, président de la Société agricole du Grand-Duché de Bade; traduit de l'allemand par un ancien élève de Grignon. 1 vol. » 80

Oiseaux de basse-cour, par le baron E. Peers, président de la commission provinciale d'agriculture de la Flandre occidentale. 1 vol. de 190 pages et 13 planches. 1 »

Pisciculture (Traité de). — Multiplication artificielle des poissons, par J. P. J. Koltz, élève diplômé de l'Institut agricole de Hohenheim, 2e édition. 1 volume de 150 pages avec 27 gravures. 1 50

Origine de la fécondation artificielle des poissons — fécondation et croisement des espèces — appareils à éclosion — incubation — transformation — acclimatation — transport des œufs et des poissons — frais d'établissement — des espèces de poissons qui se trouvent et se reproduisent dans les eaux douces — des espèces qu'on a tenté d'acclimater — des crustacés d'eau douce à propager dans les rivières.

Plantes-racines (Culture des) : **pomme de terre — topinambour — betterave — carotte — navet — rutabaga — chicorée**, par Max. Le Docte, agronome, directeur de l'exploitation agricole de Gembloux, ancien secrétaire de la

Société centrale d'agriculture. 2e édition. 1 volume avec gravures. 1 25

Porcs (Éducation des) par Paul de Mortillet. 1 volume de 54 pages. » 50

Ce volume traite : Du porc en général — de la porcherie — du verrat — de la truie — des porcelets — des porcs adultes et de leur alimentation — de l'engraissement — des races — des frais et produits.

Porcs (Traitement des), — naissance, sevrage, élevage, engraissement, mort — d'après la méthode anglaise. 1 volume orné de 30 gravures. 1 25

Prairies (Les) **naturelles et artificielles** — formation — amélioration — entretien — renouvellement, par V. de Moor. 1 volume avec 67 gravures. 2 »

Promenades d'un maître d'école avec ses élèves, ou entretiens sur les éléments de l'agriculture, par le baron de Babo. 1 volume de 125 pages. » 75

Stabulation de l'espèce bovine, par le baron E. Peers, président de la commission provinciale d'agriculture de la Flandre occidentale. 1 vol. de 150 pages. 1 »

Couronné par le gouvernement belge.

Tabac (Du). — Description historique, botanique et chimique — climat — culture — récolte — frais — produits — modes de dessiccation — séchoirs — conservation — commerce; par V. Demoor. 1 volume de 180 pages et 20 gravures. 2 »

Topinambour (culture, alcoolisation et panification du), par P. Delbetz. 1 vol. de 124 pages. 1 25

Vaches laitières (Choix des), description de tous les signes à l'aide desquels on peut apprécier les qualités lactifères des vaches, par Magne. 1 vol. avec planches. » 40

Zootechnie générale. — Reproduction, amélioration et élevage des animaux domestiques, traduit de l'allemand d'Auguste de Weckherlin, ancien directeur de l'institut agronomique de Hohenheim. 1 vol. de 216 pages. 2 »

A LA MÊME LIBRAIRIE :

Alcoolisation générale (Traité complet d'), guide du fabricant d'alcools, renfermant la marche à suivre pour obtenir l'alcool de toutes les substances alcoolisables, le moyen de débarasser l'alcool des odeurs propres et de celle d'empyreume, ainsi que l'indication des rendements, au point de vue de la fabrication, par les méthodes les plus économiques, et toutes les règles, formules et tables de réductions, qui peuvent être utiles au distillateur, par N. Basset. Deuxième édition revue et augmentée. 1 volume in-12, de plus de 500 pages, avec planches et tableaux. 6 00

Culture au plantoir mécanique et au rayonneur-sarcloir, — exposé du système, avantages, résultats ; avec une instruction sur l'emploi des instruments, par Henri Le Docte, ex-directeur de l'école d'agriculture de Thourout. 1 volume in-8° avec gravures. 1 00

Dictionnaire général de médecine et chirurgie vétérinaires et des sciences qui s'y rattachent : anatomie, physiologie, chirurgie, physique, chimie, botanique, matière médicale, pharmacie, hygiène, économie rurale, etc., par MM. Lecoq, Rey, Tisserant, Tabourin, directeur et professeurs à l'école impériale vétérinaire de Lyon. Ouvrage adopté par les écoles vétérinaires de France. 1 gros vol. in-8° de 1,160 pages formant la matière de six volumes ordinaires du même format. 15 00

Prairies (Traité pratique de l'irrigation des), par J. Keelhoof, chevalier de l'ordre Léopold, ingénieur chargé des irrigations de la Campine (Belgique). 1 volume in-8° et un atlas de 11 planches in-folio comprenant 150 figures dessinées sur une grande échelle et exactement cotées. 8 00

Cet ouvrage a obtenu la médaille d'or au concours universel de Paris.

Terrains agricoles (De la connaissance des) considérés au point de vue de leur nature et de leur valeur, par le comte De Gasparin, ancien ministre de l'agriculture, en France, etc. 1 volume format in-8° de 400 pages. 2 00

Édition précédée du tableau officiel pour l'évaluation des immeubles en Belgique.

Nivellement (Traité de) comprenant la théorie et la pratique du nivellement ordinaire et des nivellements expéditifs dits préparatoires ou de reconnaissance, par J. Breton (De Champ), ingénieur des ponts et chaussées, ancien élève de l'école polytechnique. 1 volume in-8° de 300 pages et planches. 5 00

Œuvres illustrées de Jacques Bujault, laboureur à Chaloüe (près Melle) recueillies et précédées d'une introduction par Jules Rieffel, directeur de la ferme-modèle de Grand-Jouan. Un beau volume de 520 pages enrichi de 34 planches — au lieu de : 7 francs 50, prix : 6 00

Dictionnaire d'agriculture pratique comprenant tout ce qui se rattache à la grande culture, au jardinage, à la culture des arbres et des fleurs, à la médecine humaine et vétérinaire, à la botanique, à l'entomologie, à la géologie, à la chimie et à la mécanique agricoles, à l'économie rurale, etc., par P. Joigneaux et Ch. Moreau, 2 forts vol. grand in-8° avec grav., imprimés sur 2 colonnes. 20 00

L'art de produire les bonnes graines, pour la grande culture et le jardinage, par P. Joigneaux, 1 volume de 167 pages et 57 gravures. 2 00

Les arbres fruitiers : Manuel populaire de culture, marcottage, bouturage, greffage et taille, par P. Joigneaux, 1 beau volume de 200 pages avec 111 gravures et le portrait de J.-B. Van Mons. 2 00

Conseils à la jeune fermière, par P. Joigneaux, 1 volume de 225 pages et 58 gravures. 2 00

Conseils au jeune fermier, (deuxième édition des *Instructions agricoles*), par P. Joigneaux, 1 vol. de 180 pages. 1 00

EXTRAIT DU CATALOGUE DE LA LIBRAIRIE AGRICOLE.

ANNUAIRE DES AGRICULTEURS DE BELGIQUE, 324 pages 2 00
ARBORICULTURE (Manuel d') d'après Dubreuil, 2 vol. et 205 gravures. . . 1 60
ARBRES FRUITIERS (Les), par P. JOIGNEAUX, 200 pages et 111 gravures . . 2 50
ARPENTAGE ET NIVELLEMENT (Traité d'), par J. M. LECLERC et J. TOUSSAINT, 128 gravures et planches 1 50
BÊTES BOVINES (Traité des), par AUG. DE WECKHERLIN, 2 volumes. 4 00
BETTERAVE (Culture et alcoolisation de la), par N. BASSET, 216 pages. . . . 2 00
CALENDRIER DU BON CULTIVATEUR, par MATHIEU DE DOMBASLE, 320 p. 2 50
CATÉCHISME AGRICOLE, par V. VAN DEN BROECK, 174 pages. 0 75
CHAMPS (Les) **ET LES PRÉS,** par P. JOIGNEAUX, 180 pages. 1 00
CHAUX (Emploi de la) en agriculture, 40 pages 0 20
CHENE EN TAILLIS (Traitement du), par J. KOLTZ, 88 pages et 50 gravures. 0 75
CHIMIE AGRICOLE ET GÉOLOGIE (Manuel de), par F. W. JOHNSTON, augmentee, par DUMONT, 400 pages avec gravures 1 35
CONFÉRENCES SUR LE JARDINAGE, par Joigneaux, 100 pag. et tabl. 1 25
CONSEILS AU JEUNE FERMIER, par P. JOIGNEAUX, 180 pages. 1 00
CONSTRUCTIONS RURALES (Manuel des); (sous presse.) . . . .
COURS D'ÉCONOMIE RURALE, par GOERITZ; trad. par Rieffel, 2 v. avec grav. 4 00
CULTURE (Manuel de), par MAX. LE DOCTE, 260 pages. 0 80
CULTURE MARAICHÈRE (Manuel de), par RODIGAS, 424 pages et 54 grav. 2 00
DEFRICHEMENT DES BRUYÈRES, par Ch. Lejeune, 136 pages et grav. 1 50
DRAINAGE (Manuel de), par H. STEPHENS, 300 pages et 88 gravures 1 10
DRAINAGE (Traité complet de), par J. LECLERC, 560 pages et 127 gravures . . 2 00
ÉCONOMIE DU MÉNAGE, préceptes d'écon. popul., par GÉRARDI, 270 pages. 1 50
ENCASTELURE (Mémoire sur l'), par F. DEFAYS, 64 pages. 0 75
ENGRAIS ET AMENDEMENTS (Traité des), par G. FOUQUET, 2 v. avec grav. 2 50
FORESTIER (Manuel), par CLEMENT, 92 pages et gravures 0 50
FOURRAGES — recherches sur leur valeur nutritive, par ISID. PIERRE, 186 p. 2 00
FROMENT (Culture du), par JETHRO TULL, 60 pages. 0 40
FUMIERS COUVERTS (Les), par le baron E. PEERS, 76 pages. 1 00
GRAINES (L'art de produire les bonnes), par P. JOIGNEAUX, 167 pages et 57 gr. 2 00
GRAMINÉES CÉRÉALES ET FOURRAGÈRES (Traité des), par V. DE MOOR, 356 pages et 205 gravures. 2 50
IL FAUT SEMER CLAIR!, par DAVIS; brochure de 14 pages 0 50
INSTRUMENTS D'AGRICULTURE (Traité des), par MAX. LE DOCTE, 275 pages et 95 gravures 0 90
INSTRUMENTS D'AGRICULTURE (Les) à l'Exposition universelle de Londres, 104 pages et 43 gravures 0 55
IRRIGATION (Manuel d'), par JULIEN DEBY, 176 pages et 99 gravures. 0 60
LAITERIE (La), par DE THIER, 60 pages avec gravures. 0 75
LIN (Culture du) **ET ROUISSAGE,** par V. DEMOOR, 150 pages et gravures . . 0 75
MALADIES DES CHIENS ET LEUR TRAITEMENT, par le Dr Hertwig, traduit par Ad. Scheler, 364 pages 3 50
MARÉCHAL FERRANT (Manuel du), par BROGNIEZ, 80 pages et 20 gravures. 0 50
MÉDECIN DES CAMPAGNES (Le), par le docteur CH. MOREAU, 356 pages. 2 00
MÉDECINE VÉTÉRINAIRE (Manuel de), par VERHEYEN, 536 pages 2 00
MURIER (Cult. du) et éduc. des vers à soie, par RONNBERG, 138 pages et 43 grav. 1 00
NUTRITION (De la) **DES VEGETAUX,** par le baron DE BABO, 120 pages . . . 0 80
OISEAUX DE BASSE-COUR, par le baron E. PEERS, 190 pages et 15 planches. 1 00
PISCICULTURE (Traité de), par J. KOLTZ, 150 pages et 27 gravures. 1 50
PLANTES-RACINES (Culture des), par MAX. LE DOCTE, 198 pages 1 25
PORCS (Éducation des), par PAUL DE MORTILLET, 54 pages 0 50
PORCS (Traitement des), d'après la méthode anglaise, 158 pages et 50 gravures. 1 25
PRAIRIES (Culture des), par V. DE MOOR, 212 pages et 67 gravures 2 00
PROMENADES AGRICOLES, par le baron DE BABO, 125 pages. 0 75
STABULATION DE L'ESPÈCE BOVINE, par le baron E. PEERS, 150 pages. 1 00
TABAC (Du), par V. DE MOOR, 180 pages et 20 gravures 2 00
TOPINAMBOUR (Du), par P. DELBETZ, 124 pages. 1 25
VACHES LAITIÈRES (Choix des), par MAGNE, 60 pages avec planches 0 40
ZOOTECHNIE GÉNÉRALE (Traité de), par DE WECKHERLIN, 216 pages. . . . 2 00

www.ingramcontent.com/pod-product-compliance
Ingram Content Group UK Ltd.
Pitfield, Milton Keynes, MK11 3LW, UK
UKHW021102200726
13857UKWH00003B/1058

9 782012 880849